Fouad Soliman
Karima Mahmoud

Novo olhar sobre o mundo da energia escura e dos materiais

Fouad Soliman
Karima Mahmoud

Novo olhar sobre o mundo da energia escura e dos materiais

Energia negra e materiais

ScienciaScripts

Imprint

Any brand names and product names mentioned in this book are subject to trademark, brand or patent protection and are trademarks or registered trademarks of their respective holders. The use of brand names, product names, common names, trade names, product descriptions etc. even without a particular marking in this work is in no way to be construed to mean that such names may be regarded as unrestricted in respect of trademark and brand protection legislation and could thus be used by anyone.

Cover image: www.ingimage.com

This book is a translation from the original published under ISBN 978-620-7-64872-6.

Publisher:
Sciencia Scripts
is a trademark of
Dodo Books Indian Ocean Ltd. and OmniScriptum S.R.L publishing group

120 High Road, East Finchley, London, N2 9ED, United Kingdom
Str. Armeneasca 28/1, office 1, Chisinau MD-2012, Republic of Moldova, Europe
Printed at: see last page
ISBN: 978-620-7-67512-8

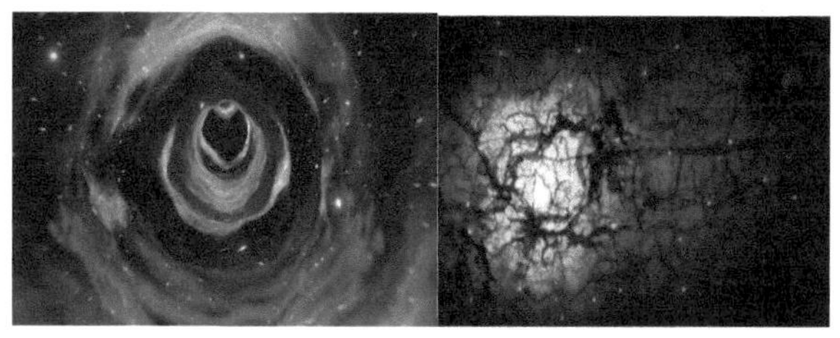

UM NOVO OLHAR SOBRE O MUNDO DA ENERGIA ESCURA E DOS MATERIAIS

DE

FOUAD AS SOLIMANMPROF., INVESTIGADOR EM ELECTRÓNICA E FÍSICA

KARIMA A MAHMOUD

CIÊNCIA DA COMPUTAÇÃO

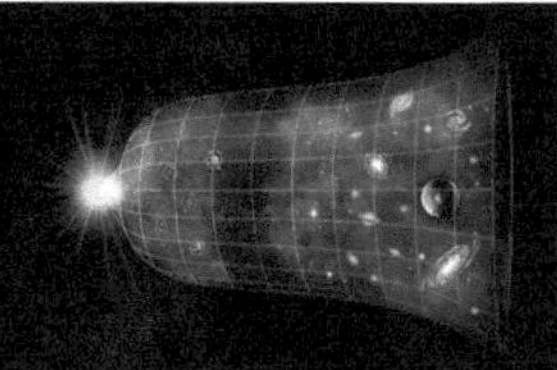

JUNHO DE 2024

SOBRE OS AUTORES

DR. Eng. Fouad A. S. Soliman

Prof. de Engenharia Eletrónica e de Computadores, Nuclear Materials Authority, Cairo, Egipto.

Membro da redação de:

- Progress In Photovoltaics, 'Research And Applications', John Wiley and Sons, Reino Unido, desde 1993,
- Revistas da Associação para a Promoção das Técnicas de Modelação e Simulação, AMSE, Lune, França,
- Jornal Internacional de Ciência da Computação e Aplicações de Engenharia (IJCSEA).

Membro de:

- Associação Americana para o Avanço da Ciência, Neu-Isenburg, EUA,
- Academia de Ciências de Nova Iorque, Nova Iorque, E.U.A. Selecionado para:
- Who is WHO In The World, A Marquis, NJ, U. S. A.
- Outstanding People of The 20th Century, International Biographical Centre of Cambridge, Inglaterra.

Ensino nas universidades

- Ensino dos estudantes de pós-graduação nas universidades egípcias.

Publicações e artigos e teses supervisionados de mestrado e doutoramento
- Cerca de 200

Livros:
[1] . A. S. Soliman, "A Novel Looking At The World Of Nanotechnology For Today And The Future", livro publicado, Lambert Academic Publishing, Omni- Skriptum GmbH Und Co KG, fevereiro de 2016, ISBN 987-3-659-83496- 7.

[2]. F. A. S. Soliman, "Energy And The Future Of Civilisations", livro publicado, Lambert Academic Publishing, Omni-Scriptum GmbH and Co. KG, abril de 2016.

ISBN 987-3-659-88129-9 .

[3]. FAS Soliman, "Characterisation, Simulation, Applications, Deployment and Economics of Solar Energy", Lambert Academic Publishing, LAP, Saarbrücken, Alemanha, maio de 2016.

ISBN 987-3-659-89387- 2.

[4]. Fouad AS Soliman e Hoda A. Ashry, "Role of Nuclear Technology on Human Daily Life", livro publicado, Lambert Academic Publishing, Omni-Scriptum, GmbH Und Co KG, maio de 2016, ISBN 978-3-659-90461-5.

[5]. Fouad AS Soliman, Safaa MR El-ghanam e Ashraf M. Abdel-Maksoud, "Effects of Space Environment on Electronic Devices And Systems", livro publicado, Lambert Akademisch Verlag, Omni-Scriptum GmbH und Co KG, julho de 2016.

Número ISBN: 978-3-659-93044- 7

[6]. H. A. Ashry, Fouad A. S. Soliman e S. A. Kamh, "Nuclear Power "Technology: Future Generation, Protection and Monitoring", livro publicado, Lambert Academic Publishing, Omni-Scriptum GmbH und Co. KG, agosto de 2016.

Número ISBN: 978-3-659-93921- 1

[7] . A.S. Soliman, "Agriculture In Remote Areas Based On "Solar Energy", livro publicado, Lambert Academic Publishing, Omni-Scriptum GmbH & Co KG, Sept. 2016.

Número ISBN: 987-3-659-95267- 8

[8] . A. S. Soliman, " Sonnenwind Hybrid Verlängerbar Energie für nachhaltige Landwirtschaft ", livro publicado, Lambert Academic Publishing, Omni-Scriptum GmbH und Co KG, outubro de 2016, número: 145917

Número ISBN: 978-3-659-96384- 1

[9] . A. S. Soliman, "Linhas de transmissão de alta tensão: Importância, manutenção e riscos", livro publicado, Lambert Academic Publishing, Omni-Scriptum GmbH and Co KG, novembro de 2016, Número:147937,

Número ISBN: 987-3-330-00309-5 .

[10] . A. Ashry e Fouad A. S. Soliman, Técnicas Analíticas Nucleares e Ciências Modernas, Livro Publicado, Lambert Academic Publishing, Omni-Scriptum , GmbH und Co. KG, dezembro de 2016, Nº : 149558,

Número ISBN: 987-3-330-01772- 6.

[11]   . A. S. Soliman, *Energia: História, Definições, Formas, Transformação e Aplicações,* livro publicado, Lambert Academic Publishing, Omni-Scriptum, GmbH und Co KG, janeiro de 2017.
Número ISBN: 987-3-330-02939- 2.

[12] . A. S. Soliman, **All Around Nuclear Materials, Livro Publicado,** Lambert Academic Publishing, Omni-Scriptum GmbH und Co KG, 2017. ID do projeto (150859)
ISBN: 978-3-330-03643-7 .

[13]   . A. S. Soliman e Hoda A. Ashry, **Focus On The Treasures Of The Earth,** livro publicado, Lambert Academic Publishing, Omni-Scriptum GmbH und Co KG, fevereiro de 2017.
Número ISBN: 987-3-659-85407- 1.

[14].   **Fouad AS Soliman, Geothermal Energy Technology,** livro publicado, Lambert Academic Publishing, Omni-Scriptum GmbH Und Co, KG, maio de 2017.
Número ISBN: 987-3-330-31808- 3.

[15].   **Fouad AS Soliman, Ocean Energy Technology and Future of Energy,** Livro publicado, Lambert Academic Publishing, Omni-Scriptum GmbH and Co KG, junho de 2017.
Número ISBN: 987-3-330-32467- 1.

[16]   . A. S. Soliman e Hoda A. Ashry, **Atomic Batteries: The Easy Energy for Tomorrow, livro publicado,** Lambert Academic Publishing, Omni-Scriptum. GmbH and Co KG, julho de 2017.
ISBN: 978-3-330-35308-4 .

[17] . A. S. Soliman, And Hoda A. Ashry, **Evolução de "Synchrotron radiation and its significance",** livro publicado, Lambert Academic Publishing, Omni-Scriptum GmbH und Co KG, agosto de 2017.
Número ISBN: 978-620-2-01385- 7

[18] . A. S. Soliman, **"Mecatrónica: Multidisciplinar Engenharia Mecânica",** livro publicado, Lambert Akademisch Verlagswesen, Omni-Scriptum, GmbH und Co KG, agosto de 2017.
Número ISBN: 987-620-0-43740- 2.

[19] : Fouad A. S. Solimna e Daniela H. Ashry, **"Gold And "Silver Recovery From E-Waste", Gold And Silver Recovery From E-Waste",** livro publicado Lambert Academic Publishing, Omni-Scriptum GmbH und Co KG, setembro de 2017.
Número ISBN: 987-620-2-04988-7 .

[20].   **Fouad AS Soliman, Amira A El-laboudi e Manal Mahdi, "Harvesting**

Energy And Future Human Needs", livro publicado, **Lambert Academic Publishing, Omni-Scriptum GmbH And Co KG, novembro de 2017.**
Número ISBN: 987-620-2-07981-5 .

[21]. **Hoda A. Ashry e Fouad AS Soliman, "World of Neurons",** *livro publicado, Lambert Academic Publishing, Omni- Skriptum GmbH and Co KG, janeiro de 2018.*
Número ISBN: 987-613-4-97714-2 .

[22]. **Fouad A. S. Soliman, "Role of Mechanical Engineering In Therapy",** *livro publicado Lambert Scientific Publishing, Omni- Skriptum GmbH and Co KG, abril de 2018.*
Número ISBN: 987-613-9-58735- 3.

[23]. **Fouad AS Soliman, "New trends in the exploration of earth treasures",** *livro publicado, Lambert Academic Publishing, Omni- Skriptum GmbH Co KG, Nov 2019.*
Número ISBN: 987-620-0-46469-9 .

[24] . **A. S. Soliman, "Energia: Recursos, Derivados, "Sustentabilidade e Desenvolvimento",** *livro publicado, Lambert Academic Publishing, Omni- Scriptum GmbH und Co KG, dezembro de 2019.*

[25]. **Fouad AS Soliman e Hamed IE Mira, "Nuclear Power: History, Materials, Economics And Future",** *livro publicado Lambert Academic Publishing, Omni-Scriptum GmbH & Co. KG, janeiro de 2020,* ***ISBN: 978-620-0-46407-1.***

[26] . **A. S. Soliman, "Renewable Energy And The Future Of Human Life",** *livro publicado. Lambert Academic Publishing. Omni-Scriptum GmbH and Co KG, fevereiro de 2020.*
Número ISBN: 987-620-0-53632-7 .

[27] . **A. S. Soliman, Safaa M. R. El-Ghanam, e Ashraf M. Abdelmaksoud, "Environmental Impacts of the Energy Industry",** *livro publicado Lambert Academic Publishing, Omni-Scriptum GmbH und Co KG, fevereiro de 2020.*
Número ISBN: 987-620-0-57165- 6.

[28] . **A. S. Soliman, e Amira Abdel-Magid, "Projecções, desenvolvimento e utilização de fontes de energia renováveis"**
Livro publicado, Lambert Akademisch Verlagswesen, Omni-Scriptum GmbH und Co KG, março de 2020.
Número ISBN: 987-620-065158- 7.

[29] . **A. A. Soliman, e Wafaa Abd El-Basit, "Smart "Photovoltaic Technologies and the Future of Energy",** *livro publicado, Lambert Academic Publishing, Omni - Scriptum GmbH und Co. KG, março de 2020,* ***ISBN: 978-***

620-251267-1.

[30] . A. S. Soliman, And Sanaa A. Kamh", Open Source Hardware Technology, livro publicado, Lambert Academic Publishing, Omni-Scriptum GmbH und Co. KG, abril de 2020.
Número ISBN: 987-620-2-51639- 6.

[31]. Fouad AS Soliman, "Renewable Energy Technologies for Saltwater Desalination", livro publicado, Lambert Akademisch Verlag, Omni-Scriptum GmbH und Co KG, maio de 2020.
Número ISBN: 987-620-2-52159-8 .

[32]. Fouad AS Soliman, "New trends in renewable energy for humanity benefits", livro publicado, Lambert Akademisch Verlag, Omni-Scriptum GmbH und Co KG, maio de 2020.
Número ISBN: 987-620-2-51887- 1.

[33] Fouad AS Soliman e Ashraf M. Abdel-maksoud, "Energy Storage, Transmission and Monitoring", livro publicado, Lambert Academic Publishing, Omni-Scriptum GmbH Und Co KG, maio de 2020.
Número ISBN: 987-6213-94971- 2

[34]. Fouad SS Soliman, "Climate Effects on PV Systems and their Maintenance and Recycling", livro publicado, Lambert Scientific Publishing, Omni-Scriptum GmbH and Co KG, junho de 2020.
Número ISBN: 987-620-2-56451-9 .

[35]. Fouad AS Soliman e Hamed IE Mira, "Drones: The future of unmanned aerial vehicles", livro publicado Lambert Akademisch Verlag, Omni-Scriptum GmbH und Co KG, junho de 2020.
Número ISBN: 987-620-2-66811- 8.

[36]. Thomas B. S. Soliman, "Airborne Geophysical & "Remote Sensing based on Drone Aircraft", livro publicado, Lambert Academic Publishing, Omni-Scriptum GmbH und Co KG, julho de 2020.
Número ISBN: 987-620-2-67331- 0.

[37]. Fouad AS Soliman e Safaa M. El-ghanam "The World of Renewable Energy Technologies", livro publicado, Lambert Scientific Publishing, Omni-Scriptum GmbH and Co KG, agosto de 2020.
Número ISBN: 987-620-2-68432- 3.

[38]. S. Soliman, e Ashraf M. Abedel-maksoud, "Technologies for autonomous and distributed energy systems", livro publicado, Lambert Academic Publishing, Omni-Scriptum GmbH und Co KG, setembro de 2020.
Número ISBN: 987-620-0-50455-6 .

[39]. Fouad AS Soliman, A novel and efficient air combat technique for UXO

detection, livro publicado, Lambert Akademisch Verlagswesen, Omni-Scriptum GmbH und Co KG, setembro de 2020.

Número ISBN: 987-620-2-79934- 8

[40]. **Thomas B. S. Soliman, e Ashraf M. Abedel Maksoud, "Technology and Future of Nanofluids",** *livro publicado, Lambert Academic Publishing, Omni-Scriptum GmbH und Co KG, setembro de 2020.*

Número ISBN: 987-620-2-80132-4 .

[41] **. A. S. Soliman, And Safaa M. El-Ghanam, "** New Trends In "Generation, Conversion, Transmission and Storage of Energy" **, livro publicado, Lambert Academic Publishing, Omni-Scriptum GmbH und Co KG, outubro de 2020.**

Número ISBN: 987-620-2-80878-1 .

[42]. **Fouad AS Soliman** , **" Remote Monitoring, Net Metering, Fault Detection And Predictive Maintenance Of Electrical Power Systems.** *Livro publicado, Lambert Akademisch Verlagswesen, Omni-Scriptum GmbH und Co KG, outubro de 2020.*

Número ISBN: 987-3-330-06474- 4.

[43]. **Fouad AS Soliman, AA Abu Talib e Doaa H. Hanafy, "PV Shockley-Queasier, Maximum Power, Green Houses And "Rooftop Stations",** *livro publicado, Lambert Academic Publishing, Omni-Scriptum GmbH and Co KG, outubro de 2020.*

Número ISBN: 987-620-2.92085- 8.

[44] **. A. S. Soliman, Wafaa A. Zekri, Soha Abel-Azim, "Environmental Impacts of Power Generation, Transmission and Industry",** *livro publicado, Lambert Academic Publishing, Omni-Scriptum GmbH und Co KG, novembro de 2020.*

Número ISBN: 987-620-3-02581- 1.

[45]. **Fouad AS Soliman e Safaa R. El-ghanam, Future Energy DevelopMent** *, livro publicado, Lambert Akademisch Verlagswesen, Omni-Scriptum GmbH und Co KG, novembro de 2020.*

Número ISBN: 987-620-3- 041132.

[46] **. A. S. Soliman e Hamed ICH. E. Wunder, "For More "Efficient Solar Energy Applications",** *livro publicado, Lambert Academic Publishing, Omni-Scriptum GmbH und Co. KG, dezembro de 2020.*

Número ISBN: 987-620-801002 .

[47] **. A. S. Soliman, And Sanaa A. Kamh,** *"New Trends In "Micro-and Hybrid-Energy Grids", livro publicado, Lambert Academic Publishing , Omni-Scriptum. GmbH and Co KG, dezembro de 2020.*

Número ISBN: 987-620-2-92022- 3.

[48]. Fouad AS Soliman, " Trends in grid feed-in of renewable energy resources ", livro publicado Lambert Akademisch Verlagswesen, Omni-Scriptum GmbH und Co KG, janeiro de 2021.

Número ISBN: 987-620-3-30339-1 .

[49]. Fouad A. S. Soliman, e Wafaa Abdel Basit Zekri, "Gridding of Smart Solar Energy Systems", livro publicado, Lambert Academic Publishing, Omni-Scriptum, GmbH and Co, KG março 2021.

Número ISBN: 987-620-3-46312- 5.

[50]. Fouad AS Soliman e Safaa R. El-ghanam, "New Trends in Photovoltaic System", livro publicado, Lambert Akademisch Verlag, Omni-Scriptum GmbH und Co. KG, dezembro de 2020.

Número ISBN: 987-620-3-47075- 8.

[51]. Fouad AS Soliman, "Automatic monitoring of PV systems", livro publicado Lambert Akademisch Verlagswesen, Omni-Scriptum GmbH und Co KG, Sept. 2021.

Número ISBN: 987-620-3-58196- 6.

[52]. Fouad AS Soliman e Ashraf M. Abedel-maksoud, "Marine Power: The Future of Renewable Energy, livro publicado, Lambert Academic Publishing, Omni-Scriptum GmbH Und Co KG, novembro de 2021.

Número ISBN: 987-620-4-71792- 0163.

[53]. Fouad AS Soliman, "Carbon Capture and Sequestration", livro publicado Lambert Akademisch Verlagswesen, Omni-Scriptum GmbH und Co KG, novembro de 2021.

Número ISBN: 987-620-4-72561- 1163.

[54]. Fouad AS Soliman e Hoda A. Ashry, "Role of Electronics and Computer Sciences on Energy Medicine", livro publicado Lambert Academic Publishing, Omni-Scriptum GmbH Und Co KG, novembro de 2021, ISBN: 978-620-4-727387.

[55]. Fouad AS Soliman e Nehal Abou-el fotoh Ali, "Future Challenges of Electronics Based on Piezoelectric", livro publicado Lambert Academic Publishing Omni-Scriptum GmbH and Co KG, dezembro de 2021.

Número ISBN: 987-620-4-70844 .

[56] . A. S. Soliman, Ayman H. Shanash e Nehal Abou-el fotoh Ali, "Sustainable Energy for Human Security and Luxury", livro publicado Lambert Academic Publishing, Omni-Scriptum GmbH und Co KG, janeiro de 2022.

Número ISBN: 987-620-4-73029- 1163.

[57]   . A. S. Soliman, And Nehal Abou-el fotoh Ali, "World of "Osmotic Phenomena", livro publicado, Lambert Academic Publishing, Omni-Scriptum GmbH & Co KG, janeiro de 2021.
Número ISBN: 987-620-4-73327- 2164.

[58] . A. S. Soliman, Ayman H. Shanash e Nehal Abou-el fotoh Ali, "A Deep Insight into the Future of Energy", livro publicado Lambert Academic Publishing, Omni-Scriptum GmbH und Co KG, janeiro de 2022.
Número ISBN: 987-620-4-73472- 9164.

[59].   Fouad AS Soliman, Ayman H. Shanash e Nehal Abou-el fotoh Ali, "Transition from Fossil Fuels to Renewable Energy", *livro publicado Lambert Academic. Editora, Omni-Scriptum GmbH and Co KG, fevereiro de 2022.*
Número ISBN: 987-620-4-74114- 7164.

[60]. Fouad A. S. Soliman, Ayman H. Shanash And Nehal Abou-el Foto Ali, " Ocean Thermal Energy Conversion", Livro publicado Lambert Academic Publishing, Omni-Scriptum GmbH and Co KG, fevereiro de 2022 *ISBN: 978-620-4-74278-61.*

[61]   . S. Soliman, Ayman H. Shanash e Nehal Abou-el fotoh Ali, " The Fast Movement to Clean Green World", livro publicado Lambert Academic. Editora, Omni-Scriptum GmbH and Co KG, fevereiro de 2022.
Número ISBN: 9786-204-745 183.

[62]   . A. S. Soliman, Ayman H. Shanash e Nehal Abou-el fotoh Ali, "Renewable Energy Systems Engineering", *livro publicado Lambert Academic Publishing, Omni-Scriptum GmbH und Co. KG, fevereiro de 2022.*
Número ISBN: 987-620-4-74716- 3.

[63]. Fouad A. S. Soliman, Ayman H. Shanash e Nehal Abou-el Fotoh Ali, "From A - to Z - on Renewable Energy", livro publicado Lambert Academic Publishing, Omni-Scriptum GmbH und Co KG, março de 2022.
Número ISBN: 9786-202- 053099.

[64]   . A. S. Soliman, Hamed ICH. E. Mira And Nehal Abou-el fotoh Ali, "Steps towards energy future and conservation", livro publicado por Lambert Academic Publishing, Omni-Scriptum GmbH and Co.
KG, março de 2022.
Número ISBN: 9786-139-448388 .

[65].   Fouad AS Soliman, Nehal Abou-el fotoh Ali e Karima A. Mahmoud, "Maschinenbau Und Komfortabel Schlau Leben", livro publicado Lambert Academic Publishing, Omni-Scriptum GmbH und Co KG, março de 2022.
Número ISBN: 987-620-0-24999-91 .

[66].   Fouad AS Soliman, Hoda A. Ashry e Nehal Abou-el fotoh Ali, "World

of fuel cells", livro publicado Lambert Academic Publishing, Omni-Scriptum GmbH e Co KG, abril de 2022.

Número ISBN: 987-620-4-74855- 91.

[67] . S. Soliman, Nehal Abou-el fotoh Ali e Sarah H. Zekri, "Photovoltaic Systems Engineering", livro publicado Lambert Academic Publishing, Omni-Scriptum GmbH And Co KG, abril de 2022, **ISBN: 978-620-4-74893-11.**

[68]. Fouad AS Soliman, Amira A. Abo-talib e Doaa H. Hanafy, "The role of electrical engineering in automotive and mechanical science, livro publicado Lambert Academic Publishing, Omni-Scriptum, GmbH and Co KG, maio de 2022.

Número ISBN: 987-620-4-75130- 61.

[69]. Fouad AS Soliman, Nihal Abou-alfotoh Ali, "Nanofibre: The Future of Materials", livro publicado Lambert Akademisch Verlag, Omni-Scriptum, GmbH und Co KG, maio de 2022.

Número ISBN: 987-620-4-95505- 616.

[70] . A. S. Soliman, Sanaa A. Kamh e Doaa H. Hanafy, "The Brilliant Future of Lithium in Energy Storage", livro publicado por Lambert Academic Publishing, Omni-Scriptum, GmbH And Co KG, maio de 2022.

Número ISBN: 987-620-4-98014- 0165519.

[71]. Fouad AS Soliman e Hamed IE Mira, "Stereomicroscope: the nano-imaging tool of the future", livro publicado Lambert Academic Publishing, Omni-Scriptum, GmbH Und Co KG, maio de 2022, **ISBN: 978-620-5489-406.**

[72]. Fouad AS Soliman, Amira A. Abo-talib El-laboudi e Karima A. Mahmoud, "Future of Energy Hybrid Technologies", livro publicado Lambert Academic Publishing, Omni-Scriptum, GmbH and Co KG, maio de 2022.

Número ISBN: 987-620-5489- 406.

[73]. Fouad AS Soliman, Wafaa Abdel-basit Zekri e Karima A. Mahmoud, "The Brilliant Future of Digital Imaging", livro publicado Lambert Academic Publishing, Omni-Scriptum, GmbH Und Co KG, agosto de 2022.

Número ISBN: 987-6205-4956- 12.

[74]. Fouad AS Soliman, "Future of Interdisciplinary Sciences", livro publicado Lambert Akademisch Verlagswesen, Omni-Scriptum, GmbH und Co KG, outubro de 2022.

Número ISBN: 987-620-5-50245- 71.

[75] . A. S. Soliman, e Karima A. Mahmud, "Less Losses on Renewable Energy Generation and Applications", livro publicado **Lambert Academic Publishing, Omni-Scriptum, GmbH And Co KG, outubro de 2022.**

Número ISBN: 987-620-4-980669 .

[76] . A. S. Soliman, Amira Abou-talib El-laboudi e Doaa H. Hassan, "Food Energy", livro publicado, Lambert Academic Publishing, Omni-Scriptum, GmbH und Co KG, outubro de 2022.
Número ISBN: 987-620-5-50995- 116.

[77]. Fouad AS Soliman, Wafaa Abdelbasit Zekri e Karima A. Mahmoud," The Brilliant World of Graphene", Livro publicado Lambert Academic Publishing, Omi-Scriptum, GmbH And Co KG, outubro de 2022.
Número ISBN: 987-620-5-51599- 016.

[78] . A. S. Soliman, Amira A. Abo-talib e Doaa H. Hanafy, "Wind as a renewable energy source", livro publicado, Lambert Academic Publishing, Omni-Scriptum, GmbH und Co. KG, Out. 2022.
Número ISBN: 987-620-5-52588- 316.4

[79]. Fouad AS Soliman e Karima A. Mahmoud, " Applications and development of unmanned aerial vehicles towards less grams of weight ", livro publicado Lambert Academic Publishing, Omni-Scriptum, GmbH und Co KG, outubro de 2022.
Número ISBN: 987-620-4-980669 .

[80]. Fouad AS Soliman e Karima A. Mahmoud, " The benefits of plastic and its immediate threats to humanity ". Livro publicado Lambert Academic Publishing, Omni-Scriptum, GmbH Und Co KG, outubro de 2022.
Número ISBN: 987-620- 5622472.

[81]. Fouad AS Soliman e Karima A. Mahmoud, "Advanced Technologies for Gold Prospection and Mining", livro publicado Lambert Academic Publishing, Omni-Scriptum, GmbH Und Co KG, fevereiro de 2023.
Número ISBN: 987-620- 6142263.

[82] . A. S. Soliman, And Karima A. Mahmud, "Neuro-Linguistic Programming", livro publicado Lambert Academic Publishing, Omni-Scriptum, GmbH und Co KG, **março** de 2023.
Número ISBN: 987-620- 14432.

[83] . A. S. Soliman, And Karima A. Mahmud, "Future Techniques in Mindmapping", livro publicado, Lambert Academic Publishing, Omni-Scriptum, GmbH und Co KG, **março** de 2023.
Número ISBN: 987-6206- 147640.

[84]. Fouad AS Soliman e Hamid IE Mira, "Copper for a Bright Future of Renewable Energy", livro publicado Lambert Academic Publishing, Omni-Scriptum, GmbH and Co KG, **março** de 2023.
Número ISBN: 987-6206- 142263.

[85]. Fouad AS Soliman, Amira A. Abo-talib e Doaa H. Hanafy, "Renewable

Energy The Power of World of 2050", Livro publicado Lambert Academic Publishing, Omni-Scriptum, GmbH And Co KG, março de 2023. abril de 2023. Número ISBN: 987-6206- 153573.

[86]. Fouad AS Soliman e Karima A. Mahmoud, Global Energy Interconnection And Practice" Livro publicado Lambert Wissenschaftlicher Verlag Omni-Scriptum, GmbH und Co. KG. abril de 2023. Número ISBN: 987-6206- 153573.

[87] . A. S. Soliman, Hamid ICH. E. Mira e Karima A. Mahmoud, "An insight into the world of wind energy technology". Livro publicado Lambert Academic Publishing, Omni-Scriptum, GmbH und Co. KG. setembro de 2023. Número ISBN: 987-6206- 781967.

[88]. Fouad AS Soliman, Wafaa A. Zekri e Karima A. Mahmoud, "Role of Hydrogen in Human Life" (Papel do Hidrogénio na Vida Humana). Livro publicado Lambert Academic Publishing, Omni-Scriptum, GmbH Und Co KG. Sept. 2023 ISBN: 978-6206-78625-2.

[89]. Fouad AS Soliman e Karima A. Mahmoud, "Future of renewable energy and storage technologies". Livro publicado Lambert Academic Publishing, Omni-Scriptum, GmbH Und Co KG. setembro de 2023. Número ISBN: 987-6206- 790570.

[90] . A. S. Soliman, Hamid ICH. E. Mira e Karima A. Mahmoud, "Importância, pobreza, transmissão, segurança das energias renováveis". Livro publicado Lambert Academic Publishing, Omni-Scriptum, GmbH und Co. KG. setembro de 2023. Número ISBN: 987-6206- 8433513.

[91] . A. S. Soliman, Hamid ICH. E. Mira e Karima A. Mahmoud, "Towards 100% renewable energy". Livro publicado Lambert Academic Publishing, Omni-Scriptum, GmbH und Co. KG. Dez. 2023 ISBN: 978-620-7-44774-9.

[92]. Fouad AS Soliman, e Karima A. Mahmoud, "Vehicle operation in a clean future". Livro publicado Lambert Academic Publishing, Omni-Scriptum, GmbH Und Co KG. ISBN: 978-620-7-45399-3.

[93]. Fouad AS Soliman, e Karima A. Mahmoud, "World of Photonics". Livro publicado Lambert Academic Publishing, Omni-Scriptum, GmbH and Co KG. dezembro de 2023. Número ISBN: 987-620-7-45399- 3.

[94] . A. S. Soliman, e Karima A. Mahmud, "Electronics and Informatics for Fair Elections". Livro publicado Publicação académica, Omni-Scriptum, GmbH Und Co KG. dezembro de 2023. Número ISBN: 987-620-7- 474783.

[95]. *Fouad AS Soliman, e Karima A. Mahmoud, "Phosphates, Phosphoric Acids And Fule Cells". Livro publicado Lambert Academic Publishing, Omni-Scriptum, GmbH and Co KG. dezembro de 2023.*
Número ISBN: 987-620-7-484935 .

[96]. *Fouad AS Soliman, e Karima A. Mahmoud, "Waste heat recovery for power generation applications". Livro publicado por Lambert Academic Publishing, Omni-Scriptum, GmbH Und Co KG. dezembro de 2023.*
Número ISBN: 987-620-7-48768- 4.

[97]. *Fouad AS Soliman, e Karima A. Mahmoud, "Solar Energy Engineering". Livro publicado Lambert Academic Publishing, Omni-Scriptum, GmbH and Co KG, maio de 2024.*
Número ISBN: 987-620-7-64062- 1.

Karima A. Mahmoud Investigador no domínio da física

[1]. *Fouad AS Soliman e Karima A. Mahmoud, "Future of Composite Materials" Livro publicado, Lambert Akademisch Verlag, Omni-Scriptum GmbH und Co KG, julho de 2019.*
ISBN 987-620-0-24780- 3.

[2]. *Fouad AS Soliman e Karima A. Mahmoud , "Neurons Modelling and Electrically Equivalent Circuits", Publishing, Omni-Scriptum GmbH and Co KG, agosto de 2019.*
ISBN 987-620-0-29375-6 .

[3]. *Fouad A. S. Soliman e Karima A. Mahmoud "Future of Electron Beam Applications", Publicações, Omni-Scriptum GmbH und Co. KG, setembro de 2019.*
ISBN 987-620-0-43740- 2.

[4]. *Fouad ASSoliman e Karima A. Mahmud, "Renewable Energy and The Future of Human Life", Livro publicado Lambert Scientific Publishing, Omni-Scriptum GmbH and Co KG, fevereiro de 2020.*
ISBN 987-620-0-53632-7 .

[5] . *A. S. Soliman, Karima A. Mahmoud e Amira Abdel-magid, "Projections Developments And Exploitation Of Renewable Energy Resources" Livro publicado, Lambert Academic Publishing, Omni Scriptum GmbH und Co KG, março de 2020.*
ISBN 987-620-065158- 7.

[6]. *Fouad AA Soliman, Wafaa Abd El-Basit e Karima A. Mahmoud, "Smart Photo-voltaic Technologies and the Future of Energy", livro publicado,*

Lambert Akademisch Verlagswesen, Omni- Skriptum GmbH und Co. KG, março de 2020.

ISBN 987-620-251267- 1

[7]. **Fouad AS Soliman, Sanaa A.Kamh e Karima A. Mahmoud", Open Source Hardware Technology,** livro publicado, Lambert Academic Publishing, Omni-Scriptum GmbH Und Co KG, abril de 2020, **ISBN 978-620-2-51639-6.**

[8]. **Fouad AS Soliman e Karima A. Mahmoud, "New trends in renewable energy for human benefits",** livro publicado, Lambert Academic Publishing, Omni-Scriptum GmbH and Co KG, maio de 2020.

ISBN 987-620-2-51887- 1.

[9]. **Fouad AS Soliman, Ashraf M. Abdel-maksoud e Karima A. Mahmoud, "Energy Storage, Transmission and Monitoring",** livro publicado, Lambert Akademisch Verlagswesen, Omni-Scriptum GmbH und Co. KG, maio de 2020.

ISBN 987-6213-94971- 2.

[10] . **A. S. Soliman, Karima A. Mahmoud** e Amira Abdel-Magid, **"Projections, Developments And Exploitation Of Renewable Energy Resources"** Livro publicado, Lambert Academic Publishing, Omni-Scriptum GmbH and Co KG, março de 2020.

ISBN 987-620-065158- 7.

[11]. **Fouad A. A. Soliman,** Wafaa Abd El-Basit e **Karima A. Mahmoud "Smart Photovoltaic Technologies and the Future of Energy",** livro publicado, Lambert Academic Publishing, Omni- Skriptum GmbH and Co KG, março de 2020.

ISBN 987-620-251267- 1

[12]. **Fouad AS Soliman, Sanaa A. Kamh e Karima A. Mahmoud", Open Source Hardware Technology,** livro publicado, Lambert Academic Publishing, Omni-Scriptum GmbH Und Co KG, abril de 2020. **ISBN 978-620-2-51639-6**

[13]. **Fouad AS Soliman e Karima A. Mahmoud, "New trends in renewable energy for human benefits",** livro publicado, Lambert Academic Publishing, Omni-Scriptum GmbH and Co KG, maio de 2020, **ISBN 978-620-2-51887-1.**

[14]. **Fouad AS Soliman, Ashraf M. Abdel-maksoud e Karima A. Mahmoud, "Energy Storage, Transmission and Monitoring",** livro publicado, Lambert Akademisch Verlagswesen, Omni-Scriptum GmbH und Co KG, maio de 2020.

ISBN 987-613-4-94971- 2.

[15]. **Fouad SS Soliman e Karima A. Mahmoud, "Climate effects on PV systems and their maintenance and recycling",** livro publicado, Lambert Akademisch Verlagswesen, Omni-Scriptum GmbH Und Co KG, junho de 2020.

ISBN 987-620-2-56451-9 .

[16]. Fouad AS Soliman, Safaa M. El-Ghanam e Karima A. Mahmoud, "The World of Gel Technologies", livro publicado, Lambert Academic Publishing, Omni-Scriptum GmbH und Co KG, agosto de 2020.
ISBN 987-620-2-68432- 3.

[17]. Thomas B. S. Soliman, Ashraf M. Abedel Maksoud e Karima A. Mahmoud", "Technologies of Stand-alone and Distributed Energy Systems", livro publicado, Lambert Academic Publishing, Omni-Scriptum GmbH und Co. KG, setembro de 2020.
ISBN 987-620-0-50455-6 .

[18]. Fouad AS Soliman, Ashraf M. Abedel-maksoud e Karima A. Mahmoud", "Technology and Future of Nanofluids", livro publicado, Lambert Academic Publishing, Omni-Scriptum GmbH and Co KG, setembro de 2020.
ISBN 987-620-2-80132-4 .

[19]. Fouad A. S. Soliman, Sanaa A. Kamh e Karima A. Mahmoud, "Novas tendências em redes de energia micro e híbridas", livro publicado, Lambert Academic Publishing , Omni-Scriptum GmbH und Co. KG, dezembro de 2020.
ISBN 987-620-2-92022- 3.

[20]. Fouad AS Soliman, Safaa R. El-Ghanam e Karima A. Mahmoud, "New Trends In Photovoltaic System", livro publicado, Lambert Academic Publishing, Omni-Scriptum GmbH und Co.,KG Dez. 2020.
ISBN 987-620-3-47075- 8.

[21] . A. S. Soliman, Hamed ICH. E. Mira e Karima A. Mahmoud, "Altreifen zwischen Recycling und Bioenergietechnologien", livro publicado Lambert Akademisch Verlagswesen, Omni-Scriptum GmbH und Co KG, março de 2021.
ISBN 987-620-57464- 7.

[22]. Fouad AS Soliman e Karima A. Mahmoud, 'Automatic Monitoring of PV Systems', livro publicado Lambert Academic. Editora, Omni-Scriptum GmbH e Co KG, setembro de 2021.
ISBN 987-620-3-58196- 6.

[23] . A. S. Soliman, Hamed ICH. E. Mira e Karima A. Mahmoud, "Hydrogen: The Future of Carbon-Free Fuel", livro publicado Lambert Academic Publishing, Omni-Scriptum GmbH und Co. KG, outubro de 2021.
ISBN 978-620-40 20741- 4.

[24]. Fouad AS Soliman e Karima A. Mahmoud, " Unmanned aerial vehicle applications and evolution towards few grams weight ", livro publicado Lambert Academic Publishing, Omni-Scriptum, GmbH and Co KG, outubro de

2022.

Número ISBN: 987-620-4-980669 .

[25] . A. S. Soliman, e Karima A. Mahmud, " The benefits of plastic and its immediate threats to humanity ", livro publicado Lambert Academic Publishing, Omni-Scriptum, GmbH And Co KG, outubro de 2022.

Número ISBN: 987-620- 5622472.

[26]. Fouad AS Soliman e Karima A. Mahmoud, "Advanced Technologies for Gold Prospecting And Mining", Livro publicado Lambert Academic Publish Omni-Scriptum, GmbH And Co KG, fevereiro de 2023.

Número ISBN: 987-620- 6142263.

[27]. Fouad AS Soliman e Karima A. Mahmoud, "Neuro-linguistic Programming", livro publicado Lambert Academic Publishing, Omni-Scriptum, GmbH and Co KG, março de 2023.

Número ISBN: 987-620- 14432.

[28]. Fouad AS Soliman e Karima A. Mahmoud, "Global Energy Interconnection And Practice". Livro publicado Lambert Academic Publishing, Omni-Scriptum, GmbH and Co KG, abril de 2023.

Número ISBN: 987-6206- 153573.

[29]. Fouad AS Soliman, Hamid IE Mira e Karima A. Mahmoud, "An Insight into The World of Wind Energy Technology". Livro publicado Lambert Academic Publishing, Omni-Scriptum, GmbH and Co.

KG. setembro de 2023.

Número ISBN: 987-6206- 781967.

[30]. Fouad A. S. Soliman, Wafaa A. Zekri e Karima A. Mahmud, "O papel do hidrogénio na vida humana". Livro publicado Lambert Academic Publishing, Omni-Scriptum, GmbH und Co KG. setembro de 2023.

Número ISBN: 987-6206-78625- 2.

[31]. Fouad AS Soliman e Karima A. Mahmoud, "Future of renewable energy and storage technologies". Livro publicado Lambert Academic Publishing, Omni-Scriptum, GmbH Und Co KG. setembro de 2023.

Número ISBN: 987-6206- 790570.

[32] . A. S. Soliman, Hamid ICH. E. Mira e Karima A. Mahmoud, "Importância, pobreza, transmissão, segurança das energias renováveis". Livro publicado Lambert Academic Publishing, Omni-Scriptum, GmbH und Co. KG. setembro de 2023.

Número ISBN: 987-6206- 8433513.

[33]. Fouad AS Soliman, Hamid IE Mira e Karima A. Mahmoud, "Toward 100 % Renewable Energy". Livro publicado Lambert Academic Publishing,

Omni-Scriptum, GmbH Und Co KG. Dez. 2023 *ISBN: 978-620-7-44774-9.*

[34]. *Fouad A. S. Soliman, e Karima A. Mahmud, "Vehicles Operation in a Clean Future".* Livro publicado Lambert Academic Publishing, Omni-Scriptum, GmbH and Co KG. dezembro de 2023.

Número ISBN: 987-620-7-45399- 3.

[35]. *Fouad AS Soliman, e Karima A. Mahmoud, "World of Photonics".* Livro publicado Lambert Academic Publishing, Omni-Scriptum, GmbH and Co KG. dezembro de 2023.

Número ISBN: 987-620-7- 467945.

[36]. *Fouad AS Soliman, e Karima A. Mahmoud, "Electronics and Informatics for Fair Elections".* Livro publicado Lambert Academic Publishing, Omni-Scriptum, GmbH Und Co KG. *ISBN: 978-620-7-474783.*

[37]. *Fouad AS Soliman, e Karima A. Mahmoud, "Phosphates, Phosphoric Acids And Fule Cells".* Livro publicado Lambert Academic Publishing, Omni-Scriptum, GmbH and Co KG. dezembro de 2023.

Número ISBN: 987-620-7-484935 .

[38] . *A. S. Soliman, And Karima A. Mahmud, "Waste Heat Recovery for Power Generation Applications".* Livro publicado Lambert Academic Publishing, Omni-Scriptum, GmbH und Co KG. Dez. 2023.

Número ISBN: 987-620-7-48768- 4.

[39] . *A. S. Soliman, e Karima A. Mahmud, "Solar Energy Engineering".* Livro publicado Lambert Academic Publishing, Omni-Scriptum, GmbH und Co KG, maio de 2024.

Número ISBN: 987-620-7-64062- 1.

OBRIGAÇÃO

*Curvámo-nos submissamente perante **Alá** e **agradecemos-Lhe por** me ter mostrado o caminho certo. Sem a ajuda **de Deus**, os nossos esforços teriam falhado. Foi com a graça de **Deus** que conseguimos realizar este grande feito. Obrigado também por uma pessoa a quem amamos muito, o **Profeta***
Muhammad
{O louvor e a paz de Deus.}

Gostaríamos também de expressar a nossa mais profunda gratidão:
- Autoridade para os Materiais Nucleares, Cairo, Egipto. Funcionários dos diferentes sectores.
- Faculdade Feminina de Artes, Ciências e Educação, Universidade Ain Shams, Cairo, Egipto
Membros do pessoal do departamento de física e do laboratório de investigação em eletrónica.
- Centro Nacional de Investigação e Tecnologia das Radiações, membro do Departamento de Física das Radiações no Cairo, Egipto.

- Membros do pessoal do Centro Egípcio de Estudos Económicos, Investigação Científica e Ambiental e Desenvolvimento.

-

RESUMO

A energia negra é uma forma hipotética de energia proposta pelos físicos para explicar porque é que o universo não só se está a expandir, como o faz a um ritmo acelerado. A energia negra é a forma dominante de energia no cosmos e impulsiona a expansão acelerada do universo, mas a sua natureza permanece um completo mistério. Em poucas palavras:

- A energia negra mede a expansão do Universo até há 11 mil milhões de anos .
- A força repulsiva é a componente dominante (69,4 %) do Universo, sendo a parte restante constituída por matéria ordinária e matéria negra.
- ao contrário de ambas as formas de matéria, é relativamente uniforme no tempo e no espaço e é gravitacionalmente repulsiva, e não atractiva, dentro do volume que ocupa.
- A natureza da energia negra ainda não é conhecida.

Uma espécie de força repulsiva cosmológica A força repulsiva foi inicialmente **suposta** *por* **Albert Einstein em 1917** *e foi expressa por um termo, a "constante cosmológica", que Einstein introduziu com relutância na sua teoria da relatividade geral para contrariar a atração gravitacional e explicar um universo que se supunha estático (nem em expansão nem em contração). Após a descoberta, na década de 1920, pelo astrónomo americano Edwin Hubble, de que o Universo não era estático, mas estava de facto em expansão, Einstein classificou a adição desta constante como o seu "maior erro". A quantidade de matéria medida no balanço massa-energia do Universo era incrivelmente baixa, pelo que era necessária uma "componente em falta" desconhecida, semelhante à constante cosmológica, para compensar o défice. A prova direta da existência desta componente, designada por energia escura, foi apresentada pela primeira vez em 1998. A ideia de que a energia escura é a "contraparte maléfica" da gravidade - uma "anti-gravidade" que cria uma pressão negativa que preenche o universo e estica o tecido do espaço-tempo. Ao fazê-lo, a energia escura afasta os objectos cósmicos cada vez mais depressa, em vez de os unir, como acontece com a gravidade. Estima-se que represente entre 68% e 72% do total de energia e matéria do Universo - o seu orçamento de matéria/energia - o que significa que domina fortemente tanto a energia escura como a matéria escura. Matéria e matéria quotidiana. O Dark Energy Survey utiliza uma câmara de 570 megapixels para estudar milhões de galáxias. O Dark Energy Survey está a realizar um estudo exaustivo do universo, que utiliza uma câmara de 570* *megapixéis no telescópio Víctor M. Blanco de 4 m da National Science Foundation, no Observatório Interamericano de Cerro Tololo (CTIO), no Chile", segundo o Noirlab. Estas incluem a energia de vácuo do espaço - partículas que literalmente aparecem e desaparecem no espaço vazio - e uma "quinta força" responsável pela pressão negativa que pode estar a causar uma expansão acelerada do universo.*

Palavras-chave

*Energia escura, hipotética, forma, de, energia, proposta, físicos, explicam, universo, não, apenas, em, expansão, e, taxa, de, aceleração, dominante, energia, cosmos, energia escura, impulsionando, acelerando, expansão, universo, natureza, remanescentes, completa, mistério, curto prazo, força repulsiva, componente dominante, por cento, fração restante, consiste em, matéria ordinária , matéria escura , em contraste, ambas as formas de matéria, relativa, uniforme, no tempo, no espaço, gravitacionalmente repulsiva, não atractiva, dentro, do, volume que ocupa, natureza, energia escura, ainda é, compreendida, tipo de força repulsiva cósmica, primeira hipótese, **Albert Einstein,** apresentou, termo, constante cosmológica, que Einstein relutantemente introduziu na teoria geral da relatividade, para contrariar a atração da gravidade. Uma vez que o Universo era estático e não se expandia nem contraía após a sua descoberta pelo astrónomo americano, Einstein partiu do princípio de que não se expandia nem contraía. Edwin Hubble , estático, facto, expansão, designado, adição, constante, maior erro, no entanto, quantidade medida, matéria, massa-energia, orçamento, improvável, baixo, portanto, algum, desconhecido, componente em falta, semelhante a, constante cosmológica , necessário, forma, défice , evidência, direta, existência, componente, chamada, energia, escura, primeiro, apresentada, todos, os, cientistas, observam, universo, de, humanos, planetas, feito, matéria, definida, cada, substância, tem, massa, ocupa, espaço, mas, há, mais, universo, pode, ver, matéria, escura, energia, escura, substâncias, misteriosas, que, influenciam, a, forma, do, cosmos, os, cientistas, ainda, estão, a, tentar, descobrir, em, suma, saber, se, realmente, existe, no, entanto, preponderância, de, provas, de, que, existe, expansão, responsável, associada, à, famosa, constante, cosmológica, equação, de, Einstein, vácuo, energia, no, entanto, manuscrito, físico, apontou, que, interessante, possibilidade, energia, escura, obter, interação, Higgs, bosão, e, inflação, polegar, para, física, mais, longo, ideia, para, mais, nossa, capacidade, de, explicar, linguagem, simples, aumenta, por, exemplo, tempo.*

Quando. A relatividade geral, de ponta, coisas, que, você, apenas, ler, sobre, revistas, científicas, estes, dias, Quora, preenchido, pessoas, escrevendo, explicações, com, pão, assar, borracha, placas, com, boliche, bolas, analogias, ajuda, para, explicar, muitas, formas, de, mecânica, energia , nuclear, potencial, energia , energia cinética , recentemente, foi, descoberta, uma força misteriosa, à espreita, nas profundezas do espaço, não a conseguimos ver, mas sabemos que está lá, trouxe um amigo, uma contraparte, a matéria negra, e está a fazer com que os cosmólogos repensem e compreendam tudo o que pensavam.

ÍNDICE DE CONTEÚDOS

CAPÍTULO (1)
ENERGIA ESCURA

1.1. Prefácio

A energia negra é uma forma hipotética de energia proposta pelos físicos para explicar porque é que o universo não só se está a expandir, como o faz a um ritmo acelerado. A energia escura é a forma dominante de energia no cosmos e impulsiona a expansão acelerada do Universo, mas a sua natureza permanece um completo mistério. Em resumo [1-3]:

- A energia negra mede a expansão do universo até há 11 mil milhões de anos .
- força repulsiva, que é a componente dominante (69,4 por cento) do Universo. A parte restante do Universo é constituída por matéria ordinária e matéria escura.
- Ao contrário de ambas as formas de matéria, é relativamente uniforme no tempo e no espaço e gravitacionalmente repulsiva, e não atractiva, dentro do volume que ocupa.
- A natureza da energia negra ainda não é conhecida.

Uma espécie de força repulsiva cosmológica A força repulsiva foi inicialmente **suposta** por **Albert Einstein em 1917** e foi expressa por um termo, a "constante cosmológica", que Einstein introduziu com relutância na sua teoria da relatividade geral para contrariar a atração gravitacional e explicar um universo que se supunha estático (nem em expansão nem em contração). Após a descoberta, na década de 1920, pelo astrónomo americano Edwin Hubble, de que o Universo não era estático, mas estava de facto em expansão, Einstein classificou a adição desta constante como o seu "maior erro". A quantidade de matéria medida no balanço massa-energia do Universo era incrivelmente baixa, pelo que era necessária uma "componente em falta" desconhecida, semelhante à constante cosmológica, para compensar o défice. A prova direta da existência desta componente, designada por energia escura, foi apresentada pela primeira vez em 1998 [4, 5] .

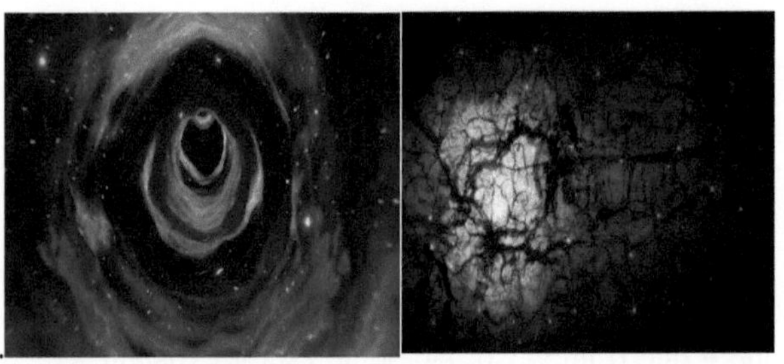

A energia negra é a forma dominante de energia no cosmos.

A energia negra é vista como a "contraparte maléfica" da gravidade - uma força "anti-gravidade" que cria uma pressão negativa que preenche o universo e estica o tecido do espaço-tempo. Ao fazê-lo, a energia escura afasta os objectos cósmicos cada vez mais depressa, em vez de os unir, como acontece com a gravidade. Estima-se que represente entre 68% e 72% do total de energia e matéria do Universo - o seu orçamento matéria/energia - o que significa que domina fortemente tanto a energia escura como a matéria escura. Matéria e matéria quotidiana [6].

O Dark Energy Survey utiliza uma câmara de 570 megapixéis para estudar milhões de galáxias. De acordo com o Noirlab, o Dark Energy Survey está a realizar um estudo exaustivo do universo utilizando a "câmara de energia escura de 570 megapixéis do telescópio de 4 metros Víctor M. Blanco, da National Science Foundation, no Observatório Interamericano de Cerro Tololo (CTIO), no Chile". Entre elas, a energia de vácuo do espaço - partículas que literalmente aparecem e desaparecem no espaço vazio - e uma "quinta força" responsável pela pressão negativa que poderia causar a expansão acelerada do universo [7-9]. Tudo isto permanece puramente hipotético, o que significa que atualmente só podemos "compreender" a energia escura através dos seus efeitos no Universo.
Um mapa de todo o céu criado pela sonda Wilkinson Microwave Anisotropy Probe (WMAP) mostra a radiação cósmica de fundo, um brilho muito uniforme de micro-ondas emitido pelo universo infantil há mais de 13 mil milhões de anos. As diferenças de cor indicam pequenas flutuações na intensidade da radiação, que se devem a pequenas variações na densidade dos objectos no Universo primitivo. De acordo com a teoria da inflação, estas irregularidades foram as "sementes" que deram origem às galáxias. Os dados da WMAP corroboram os modelos do Big Bang e da inflação, e a radiação cósmica de fundo em micro-ondas situa-se nos limites mais exteriores do universo

observável [10].

Para estudar o efeito da energia escura nas estruturas de grande escala, é necessário medir distorções subtis nas formas das galáxias causadas pela curvatura do espaço pela matéria interveniente, um fenómeno conhecido como "efeito de lente fraca". A dada altura, nos últimos milhares de milhões de anos, a energia escura tornou-se dominante no Universo, impedindo a formação de mais galáxias e aglomerados de galáxias. Esta alteração na estrutura do Universo foi revelada pelo efeito de lente fraca. Outra medida consiste em contar o número de enxames de galáxias no Universo para medir o volume do Universo e a taxa a que este volume está a aumentar. Os objectivos da maioria dos estudos observacionais sobre a energia escura são medir a sua equação de estado (a razão entre a pressão e a densidade de energia), as variações nas suas propriedades e a medida em que a energia escura fornece uma descrição completa da física gravitacional [11].

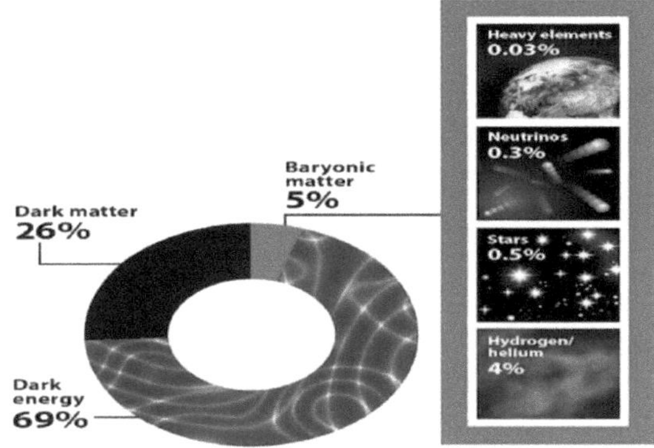

Conteúdo energético da matéria do universo .

Na teoria cosmológica, a energia escura é uma classe geral de componentes do tensor tensão-energia das equações de campo da teoria da relatividade geral de Einstein. Nesta teoria, existe uma correspondência direta entre a matéria-energia do universo (expressa no tensor) e a forma do espaço-tempo. Tanto a densidade de matéria (ou energia) (uma quantidade positiva) como a pressão interna contribuem para o campo gravitacional de um componente. Enquanto os componentes conhecidos do tensor tensão-energia, como a matéria e a radiação, geram uma gravidade atractiva através da curvatura do espaço-tempo, a energia escura causa uma gravidade repulsiva através da pressão interna negativa. Se o rácio entre a pressão e a densidade de energia for inferior a -1/3, uma possibilidade para uma componente com pressão negativa, esta componente será gravitacionalmente auto-repelente. Se tal componente dominar o universo, acelerará a expansão do universo [12, 13].

1.2. Explicação da Dunkel Energie

densidade de energia inerente, a chamada "energia de vácuo" [14].

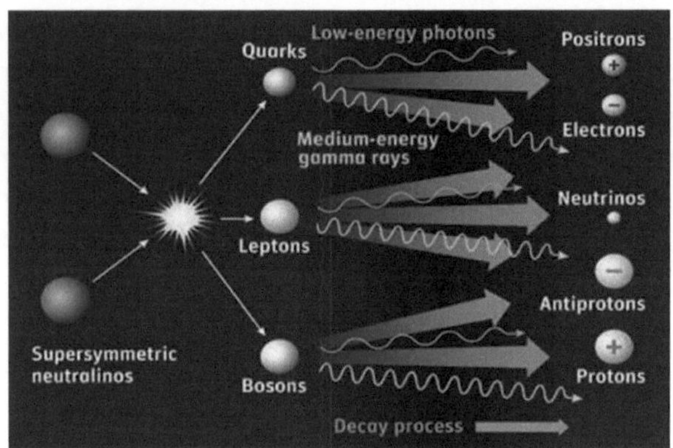

Explicação da energia negra.

Matematicamente, a energia de vácuo corresponde à constante cosmológica de Einstein. Apesar da rejeição da constante cosmológica por Einstein e outros, o entendimento moderno do vácuo, baseado na teoria quântica dos campos, é que a energia de vácuo surge naturalmente da totalidade das flutuações quânticas (isto é, pares virtuais partícula-antipartícula que emergem e se aniquilam um ao outro pouco depois) no espaço vazio. $^{-10\ 110}$No entanto, a densidade observada da densidade de energia do vácuo cosmológico é de ~10 erg por centímetro cúbico; o valor previsto pela teoria quântica dos campos é de ~10 erg por centímetro cúbico. ^{120}Esta discrepância de 10 já era conhecida antes da descoberta da energia escura, muito mais fraca. Embora ainda não tenha sido encontrada uma solução fundamental para este problema, têm sido propostas soluções probabilísticas, motivadas pela teoria das cordas e pela possível existência de um grande número de universos não ligados entre si. Neste paradigma, o valor inesperadamente baixo da constante é entendido como o resultado de um número ainda maior de possibilidades (i.e. universos) para a ocorrência de diferentes valores da constante e a seleção aleatória de um valor suficientemente pequeno para permitir a formação de galáxias (e, portanto, de estrelas e vida) [15,16].

Outra teoria popular para a energia escura é que se trata de uma energia de vácuo transitória proveniente da energia potencial de um campo dinâmico. Esta forma de energia escura, conhecida como "quintessência", variaria no espaço e no tempo, proporcionando uma forma de a distinguir de uma constante cosmológica. É também semelhante, em termos de mecanismo (embora significativamente diferente em termos de escala), à energia do campo escalar utilizada na teoria inflacionista do Big Bang [17].

Outra explicação possível para a energia escura são os defeitos topológicos no tecido do universo. No caso de defeitos intrínsecos no espaço-tempo (por exemplo, cordas ou paredes cósmicas), o aparecimento de novos defeitos à medida que o Universo se expande é matematicamente semelhante a uma constante cosmológica, embora o valor da equação de estado para os defeitos dependa do facto de os defeitos serem cordas (unidimensionais) ou paredes (bidimensionais). Também tem havido tentativas de modificar a gravidade para explicar as observações cosmológicas e locais sem a necessidade de energia escura. Estas tentativas invocam desvios da relatividade geral em escalas de todo o universo observável [17].

Um dos principais desafios para compreender a expansão acelerada com ou sem energia escura é explicar o aparecimento relativamente recente (nos últimos milhares de milhões de anos) de densidades quase iguais de energia escura e matéria escura, embora estas devam ter evoluído de forma diferente. (Para que as estruturas cósmicas se tenham formado no Universo primitivo, a energia escura deve ter sido uma componente insignificante). Este problema é conhecido como o "problema da coincidência" ou "problema do ajuste fino". Compreender a natureza da energia escura e os muitos problemas que lhe estão associados é um dos maiores desafios da física moderna [18].

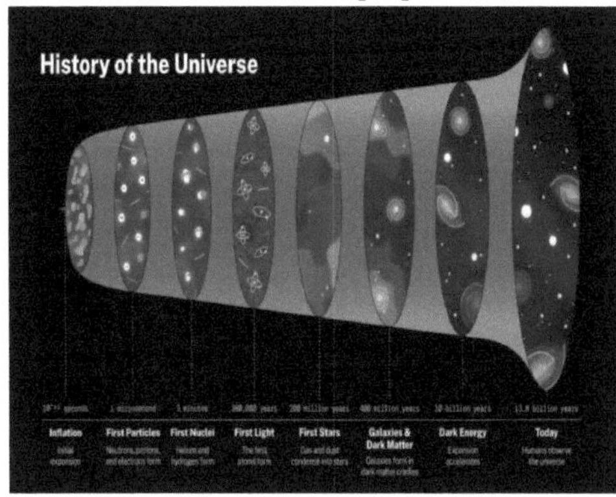

1.3. Significado da energia negra para o universo

Há cerca de 25 anos, descobriu-se que o universo está a expandir-se e que essa expansão está a acelerar com o tempo. Este processo está a ocorrer há 5 mil milhões de anos e faz com que as galáxias se afastem umas das outras. Embora todas as nossas observações cosmológicas confirmem este fenómeno, ainda não temos uma explicação para esta tendência de expansão. Conhecemos, no entanto, as propriedades do componente que provoca este efeito: deve ser uma substância ou um líquido que vence a atração gravitacional, deve ser rarefeito e distribuído no espaço-tempo [19].

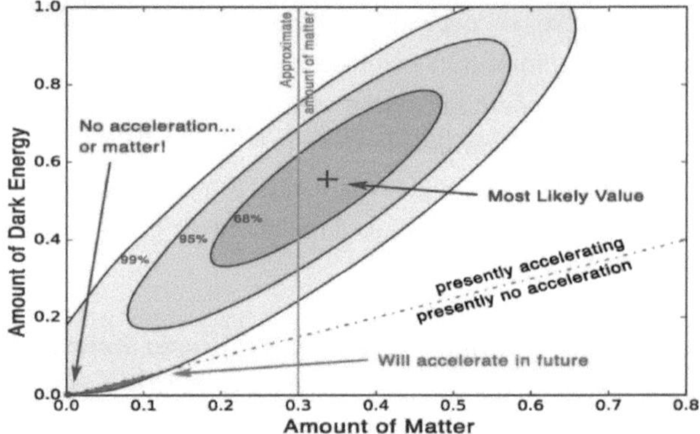

Em 1999, o físico Michael Turner deu o nome a esta componente hipotética do orçamento cosmológico: Energia Escura. Esta última é necessária para fornecer uma explicação plausível para a atual tendência de expansão do Universo. Sem ela, a expansão abrandaria e o Universo acabaria por implodir, diminuindo a distância entre as galáxias observadas na estrutura de grande escala. Um modelo cosmológico prevê um universo em expansão e, consequentemente, a existência de um evento a que chamamos Big Bang. No entanto, o estado atual da expansão não é constante no tempo, mas está a aumentar; por conseguinte, esta taxa de crescimento d a expansão deve ser causada por outro fator, por algo que não era predominante na fase inicial do Universo ou na altura da formação das galáxias.

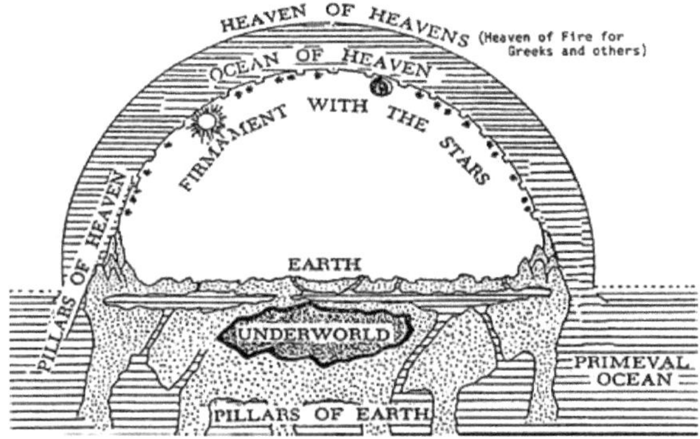

1.4. Deteção da energia escura

Uma vez que não a podemos medir diretamente e nem sequer sabemos de que é feita, é um verdadeiro desafio desenvolver experiências para a detetar e explorar a sua verdadeira natureza. Além disso, as observações actuais não correspondem ao valor atual da taxa de Hubble, pelo que não sabemos ao certo se a energia escura muda com o tempo e, em caso afirmativo, como afecta a dinâmica da expansão. Temos pistas, mas há ainda um longo caminho a percorrer antes de podermos "desvendar" a natureza e as propriedades da energia escura [20].

1.5. Principais suspeitos da energia negra

De acordo com a maioria das observações, o candidato mais provável para a energia escura é a constante cosmológica, que está frequentemente associada a flutuações no campo quântico. O vácuo. É a explicação preferida (e mais simples) para a energia escura, ao ponto de ser incluída no modelo cosmológico padrão. Mas existem outras propostas, tais como campos escalares, galileões, axiões, campos de taquiões ou mesmo modelos dinâmicos de energia escura, entre muitas outras ideias [12].

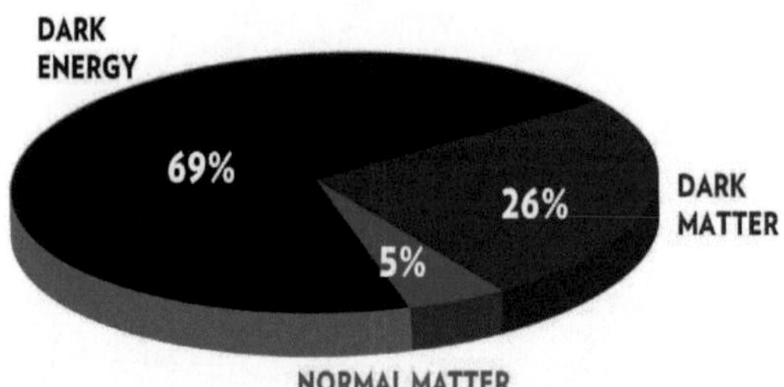

Principalmente suspeitos de energia negra.

1.6. Resolver o mistério da energia negra

É difícil prever se a misteriosa composição da energia escura será resolvida a curto prazo (a maioria dos projectos internacionais dura aproximadamente esse período de tempo), mas estou confiante de que estamos a caminhar na direção certa para compreender esta componente do orçamento cósmico, nada menos do que 70% dos ingredientes do nosso universo. Telescópios como o DES, o DESI, o Euclid, o JWST, o Observatório Vera Rubin e o Nancy Grace Roman pretendem desvendar a natureza e a evolução da energia escura ao longo do tempo, seguindo a estrutura em grande escala e utilizando várias técnicas para medir a constante de Hubble. Há uma grande quantidade de dados que nos guiarão nesta viagem e, certamente, estamos a fazer progressos na compreensão do que é a energia escura e da sua origem cósmica. Não vemos coisas como estas acontecerem (embora às vezes pareça que sim) porque os objectos ligados pela gravidade, como as estrelas, os sistemas planetários, os enxames de estrelas, as galáxias, os enxames de galáxias e até a nossa chávena de café e a nossa mesa, não parecem sentir os efeitos da energia escura. A gravidade continua a ser melhor do que a energia escura em pequenas escalas [22, 23].

A energia negra parece funcionar apenas nas maiores escalas do Universo, sendo a expansão do Universo um fenómeno que só pode ser medido através da observação de galáxias e outros objectos cósmicos separados por vastos abismos no espaço. Milhões, biliões e até dezenas de biliões de anos-luz de distância entre si e de nós. E quanto maior for a distância que separa estes objectos cósmicos, mais rapidamente se afastam uns dos outros.

1.6.1. Analogia simples

Como uma analogia simples, imagine desenhar três pontos num balão vazio, dois próximos e um mais afastado. Nesta analogia, a energia negra é a respiração que sopra para dentro do balão, vencendo a força da gravidade representada pela tensão da pele de borracha do balão. Quando o balão é insuflado, os três pontos afastam-se um do outro, mas o ponto mais afastado afasta-se mais depressa. É como se fossem três galáxias, duas próximas e uma mais afastada, sendo que esta última se afasta mais depressa porque o espaço entre ela e as outras galáxias se estica como a borracha de um balão, e mais espaço significa mais expansão [24].

Os cientistas estimam atualmente que as galáxias se afastam 0,007% umas das outras a cada milhão de anos. O astrofísico teórico americano Ethan Siegel explicou numa coluna para o Big Think que os astrónomos assumem uma velocidade "real" de 2.150 quilómetros por segundo (1.336 milhas por segundo) para um objeto cósmico a 100 milhões de anos-luz de distância. Em contrapartida, uma galáxia a mil milhões de anos-luz de distância viaja 10 vezes mais depressa, a cerca de 21 500 km/s (13 360 milhas por segundo) [25].
A taxa de expansão da galáxia foi medida A galáxia GN-z11, uma das mais antigas galáxias já descobertas, e que vemos como era quando o universo tinha apenas 400 milhões de anos. Estimada em 32 mil milhões de anos-luz de distância, a energia negra está a expandir o espaço a um ritmo tal que a GN-z11 se afasta de nós a uma velocidade estimada em 426 882 milhas por segundo (687 000 km/s) - mais do dobro da velocidade da luz. Embora seja verdade que nada pode viajar mais depressa no espaço do que a velocidade da luz no vácuo, 186.282 milhas por segundo (299.792 km/s), a energia escura mostra que o próprio espaço não está sujeito a esses limites de velocidade.

1.6.2. Objeto escuro

Ao separarem-se, as galáxias mantêm a sua forma e não se espalham. Devido a um outro aspeto "obscuro" do Universo - a matéria escura - os átomos são despedaçados internamente [26].

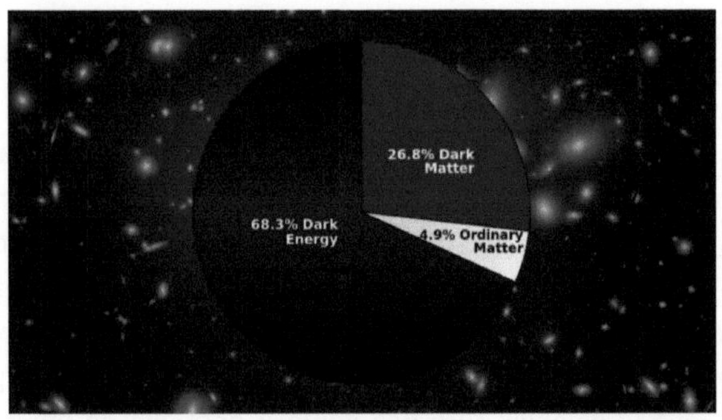

Objeto escuro.

Ambos os aspectos "escuros" do universo são misteriosos e ainda não foram explicados. Nenhum deles pode ser detectado diretamente; a sua existência é inferida através do seu efeito na matéria visível. No entanto, é incorreto considerar a energia escura simplesmente como o equivalente energético da matéria escura. A matéria escura não interage com a luz como a matéria constituída por átomos, consiste em protões e neutrões e faz parte da família de partículas bariónicas que nos rodeia todos os dias e é conhecida como "matéria bariónica" [27].

A matéria escura é, portanto, "escura" no sentido literal e, por isso, o prefixo "matéria escura" deve ser usado mais literalmente do que "energia escura", e não se refere apenas a uma natureza misteriosa.

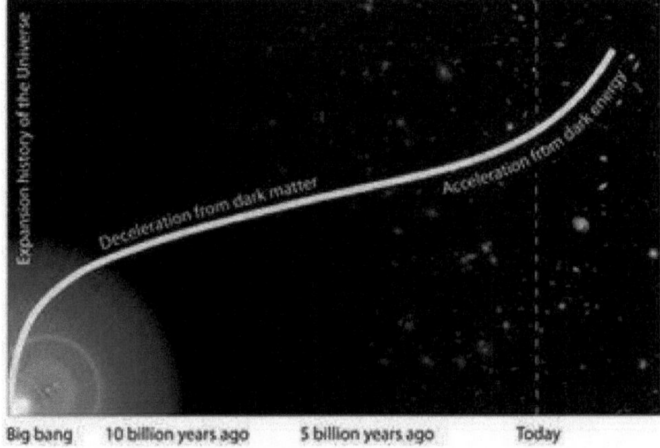

Diagrama mostra A História da Expansão Universal Marcador O ponto em que a energia escura se sobrepõe à gravidade e se torna dominante.

Sabemos principalmente que a matéria escura existe porque mantém as galáxias unidas através do seu efeito gravitacional. Sem a influência gravitacional da matéria escura, as galáxias rodopiam tão rapidamente que a influência gravitacional da sua matéria visível - estrelas, planetas, gás e poeira - não seria suficiente para as impedir de se separarem. Por outras palavras, enquanto a energia escura afasta as coisas a grande escala, a matéria escura mantém as galáxias unidas a uma escala mais pequena. A este respeito, quase se poderia assumir que a energia escura e a matéria escura têm efeitos opostos no Universo [28].

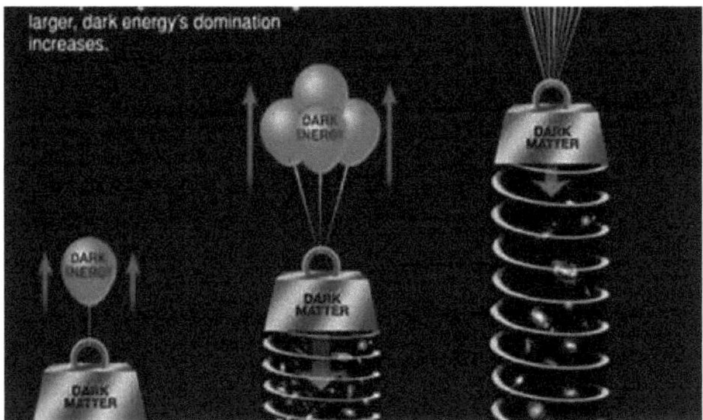

Parece que o "braço de ferro" cósmico entre a atração da matéria escura e o avanço da energia escura começou há pelo menos 9 mil milhões de anos, muito antes de a energia escura ter ganho vantagem e acelerado a expansão do Universo.

É quase como se a energia escura e a gravidade estivessem num cabo de guerra cósmico com o universo como corda. O principal concorrente com a maior "força de tração" do lado da gravidade é a matéria negra. Em termos do conteúdo de energia e matéria do Universo, descobrimos que a energia escura representa cerca de 68% a 72%. Isto deixa cerca de 32% a 28% do orçamento de matéria e energia do Universo para tudo o resto - principalmente matéria escura e matéria bariónica.

1.6.2.1. Objeto escuro do CERN

De acordo com o CERN Dark Matter, a matéria bariónica supera a matéria escura no universo numa proporção de cerca de 6 para 1. Isto significa que cerca de 25% deste orçamento de energia/matéria é matéria escura, levando à chocante constatação de que a matéria que constitui as estrelas, os planetas e tudo o que vemos à nossa volta não representa mais do que 5% da massa total do universo. Conteúdo total. Não é de admirar que a resolução do mistério do universo escuro se tenha tornado uma preocupação premente para os cientistas, porque a sua existência significa que não fazemos literalmente ideia do que constitui cerca de 95% do universo [29, 30].

A primeira descoberta da energia escura foi feita no final dos anos 90 por duas equipas de cientistas que trabalhavam independentemente uma da outra, na sequência da descoberta de que a expansão do Universo está a acelerar. Estas equipas estudaram as supernovas de tipo Ia, explosões cósmicas que ocorrem quando estrelas maciças morrem e produzem emissões de luz tão uniformes que são ideais para medir distâncias cósmicas. Isto deve-se ao facto de, à medida que o Universo se expande, a luz ser absorvida de fontes distantes, o que demora muito tempo. Tempo O comprimento de onda da luz que chega à Terra é "esticado". Como o vermelho é uma cor associada à luz de grande comprimento de onda, isto leva a um avermelhamento da luz, que os astrónomos designam por "desvio para o vermelho". Quanto mais distante estiver uma fonte de luz, mais desviada para o vermelho é a sua luz. Fontes extremamente distantes, que existiam quando o Universo ainda era jovem, deslocaram-se para a gama infravermelha do espetro eletromagnético. Os astrónomos observaram estas chamadas "supernovas de vela padrão" para tentar medir a taxa de expansão universal - a chamada constante de Hubble [31].

O que descobriram foi que as supernovas mais distantes, que explodiram quando o Universo era muito mais jovem, eram mais fracas do que o esperado. Isto significava que essas supernovas estavam mais longe do que deveriam estar, o que, por sua vez, sugeria que a expansão do Universo estava a acelerar. Esta descoberta foi confirmada por observações posteriores e por medições de um campo de radiação que permaneceu pouco depois do Big Bang e que é designado por "radiação cósmica de fundo em micro-ondas (CMB)" [32].

Um mapa da radiação de fundo que sobrou do Big Bang, tirado da A sonda Planck da ESA captou a luz mais antiga do Universo. A informação ajuda os astrónomos a determinar a idade do Universo. (Imagem Crédito: ESA E O : 1. .2.3.1.1.2.2.3.1 ... Cooperação, CC BY- SA)

1.6.2.2. Desvio para o vermelho da luz

A descoberta do desvio para o vermelho da luz proveniente de fontes distantes e, consequentemente, da expansão do Universo pelo famoso astrónomo Edwin Hubble, nos anos 30, obrigou Albert Einstein a retirar um fator das suas equações: a chamada constante cosmológica, representada pela letra grega lambda (λ) [33].

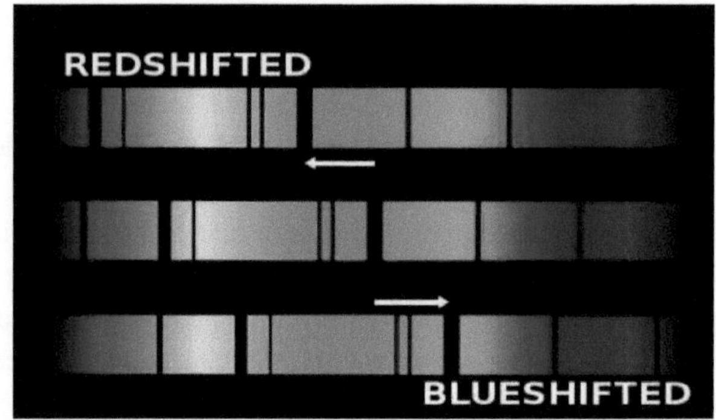

Quando Einstein formulou a relatividade geral em 1915, ficou surpreendido com o facto de esta sugerir que o universo estava a expandir-se ou a contrair-se. Uma vez que o grande físico tinha a ideia de um universo estacionário, como muitos na altura, isto era um problema. Para contrariar esta situação, Einstein introduziu λ - um "fator de confusão" que mais tarde terá descrito como o seu "maior erro" - como uma espécie de "anti-gravidade" para garantir a gravidade e a contração do universo. O universo que modelou era um universo em estado de equilíbrio e não era capaz de crescer ou de se deteriorar economicamente [34].

A constante cosmológica foi assim relegada para o caixote do lixo cósmico, mas não ficaria lá por muito tempo. A descoberta de que a expansão do Universo estava a acelerar foi ainda mais espantosa do que a descoberta de Hubble e, ironicamente, obrigou os cosmólogos a salvar a constante cosmológica λ. Atualmente, λ é utilizado para explicar o efeito da energia escura, uma nova forma de "antigravidade" que está a afastar o Universo em vez de o manter estável. Infelizmente, a constante cosmológica λ está a dar aos cosmólogos de hoje tanta dor de cabeça como Einstein, talvez até mais. O principal suspeito que poderia atualmente explicar λ é a energia de vácuo do próprio espaço, que exerce uma pressão negativa sobre os objectos cósmicos? Isto significaria que a energia escura é a mesma em todo o lado, mas esta explicação tem um grande problema. Há uma grande discrepância entre o grande valor da energia de vácuo sugerido pela teoria quântica e o valor de λ que resulta das observações. A estimativa teórica desta energia do espaço vazio da teoria quântica dos campos é algures da ordem de 1×10^{120} (1 seguido de 120 zeros) maior do que o valor de λ que os astrónomos observam no cosmos quando estudam o desvio para o vermelho das supernovas [35].

Um sino 1689 curva a luz num fenómeno chamado lente gravitacional. Estudo Este enorme aglomerado de galáxias a 2,2 mil milhões de anos-luz de distância pode ajudar os cientistas a compreender melhor a natureza da energia escura. A distribuição da massa da matéria escura na lente gravitacional está sobreposta a roxo. (Crédito da imagem: (NASA/ESA/JPL-Caltech/Yale/CNRS) .

A descoberta de Hubble de que o universo estava a expandir-se pode ter chocado a comunidade científica, incluindo Einstein, mas a constatação de que esta expansão estava a acelerar e a necessidade de introduzir a energia escura foi verdadeiramente alucinante e muito mais perturbadora para os físicos [36].

Até ao final dos anos 90, os físicos partiam do princípio de que todas as formas de matéria e energia são atractivas e que, por isso, o Universo acabaria por se expandir lentamente graças ao efeito da gravidade. A descoberta da energia escura e a aceleração da expansão do Universo vieram pôr esta ideia completamente de pernas para o ar. Para ilustrar porque é que isto é tão preocupante para os físicos, vejamos outra analogia simples. Imaginemos que empurramos uma criança num baloiço, em que o empurrão inicial é análogo ao que desencadeou a fase inicial de inflação rápida a que chamamos Big Bang. O baloiço atinge um certo extremo no seu arco - análogo à rápida expansão imediata que caracteriza o Big Bang - e depois começa a abrandar; a criança e o baloiço param lentamente. A inflação inicial é estimada em 10^{-33} a 10^{-32} segundos após o Big Bang, a expansão continuou milhares de milhões de anos mais tarde, embora muito mais lentamente [37]. Durante este período do Universo, a gravidade era a força dominante, permitindo a formação de estruturas cada vez maiores, como estrelas, galáxias e aglomerados de galáxias. Depois, uma coisa interessante aconteceu há cerca de 3 a 7 mil milhões de anos:

a energia escura substituiu a gravidade e o Universo começou novamente a expandir-se rapidamente.

1.7. Efeito da energia negra no tecido do espaço-tempo

O efeito da energia escura no tecido do espaço-tempo nesta época do Universo dominada pela energia escura é comparável a este "empurrão fantasma". Se está preocupado com o que acontece à criança no baloiço quando este acelera na nossa analogia, pense na preocupação que os cosmólogos devem ter com o que a energia escura significa para o destino do Universo [38-40].

Compreender a energia escura é fundamental para construir um modelo exato da evolução do universo ao longo do tempo, incluindo a sua forma e o seu fim. Tanto a origem como o destino do Universo são determinados pela sua "densidade crítica", que o Swinburne Centre for Astrophysics and Supercomputing define como "a densidade média de matéria necessária para que o Universo pare de se expandir, mas apenas após um tempo infinito". Se a densidade de matéria/energia do Universo for igual à densidade crítica, então, geometricamente, o Universo é plano como uma folha de papel. Num universo dominado pela matéria, a densidade crítica situa-se entre a densidade requerida por um "universo pesado" em colapso e a densidade de um "universo leve" que se expande para sempre. O conteúdo total do Universo sem energia escura é apenas cerca de 30% do que é necessário para um Universo plano, o tipo de geometria que o Universo deveria ter se tivesse sido criado pelo Big Bang. Isto deve-se ao facto de a inflação inicial ter "alisado" o Universo geometricamente como uma folha de papel. A adição de energia escura ao orçamento de massa e energia do Universo "enche-o". Este facto é suficiente para que o Universo seja plano e para que a inflação cósmica ocorra nos modelos mais simples; aproxima a densidade do Universo da densidade crítica [41].

Antes da introdução da energia escura, os cosmólogos tinham colocado a hipótese de que a atração gravitacional acabaria por ultrapassar a expansão do Universo. Isto poderia levar a vários "finais" possíveis para o Universo, um dos quais, o "Big Crunch", sugeria que o Universo começaria a contrair-se e a puxar-se para trás sobre si próprio [42].

A aceleração da expansão do universo refuta esta ideia. Se a energia escura continuar a acelerar a expansão do Universo, então, em vez de um Big Crunch, o seu destino poderá ser um Big Rip. Este é um cenário em que a energia escura acaba por se sobrepor a todas as forças fundamentais do Universo - gravidade, eletromagnetismo e as forças nucleares forte e fraca - quebrando ou despedaçando tudo o que está atualmente ligado por estas forças, sejam galáxias, planetas ou seres humanos, mesmo os protões e neutrões que constituem os átomos.

1.8. O futuro

A energia negra é um dos grandes mistérios do universo. Durante décadas, os cientistas têm teorizado sobre o nosso universo em expansão. Agora, pela primeira vez, dispomos de ferramentas suficientemente poderosas para pôr estas teorias à prova e investigar verdadeiramente a grande questão: "O que é a energia escura?" A NASA está a desempenhar um papel crucial na missão Euclid da ESA (Agência Espacial Europeia) (a lançar em 2023), que irá criar um mapa 3D do Universo para ver como a matéria foi desfeita ao longo do tempo pela energia escura. Este mapa incluirá observações de milhares de milhões de galáxias até 10 mil milhões de anos-luz de distância da Terra. O Telescópio Espacial Nancy Grace Roman, cujo lançamento está previsto para maio de 2027, estudará a energia escura e criará também um mapa 3D da matéria escura, entre muitos outros tópicos científicos. A resolução do Roman será tão nítida como a do Telescópio Espacial Hubble da NASA, mas o campo de visão será 100 vezes maior, permitindo captar imagens mais abrangentes do universo. Isto permitirá aos cientistas mapear a estrutura e a distribuição da matéria no Universo e explorar o comportamento e as mudanças da energia escura ao longo do tempo. Roman irá também efetuar um estudo adicional para detetar supernovas de tipo Ia. Para além das missões e esforços da NASA, o Observatório Vera C. Rubin, atualmente em construção no Chile e apoiado por uma grande colaboração que inclui a Fundação Nacional de Ciência dos EUA, irá também aprofundar a nossa crescente compreensão da energia escura. Prevê-se que o observatório terrestre esteja operacional em 2025. Os esforços combinados de Euclides, Roman e

Rubin darão início a uma nova "idade de ouro" da cosmologia, na qual os cientistas recolherão informações mais pormenorizadas do que nunca sobre os grandes mistérios da energia escura. Além disso, espera-se que o Telescópio Espacial James Webb da NASA (lançamento em 2021), o maior e mais potente telescópio espacial do mundo, contribua para várias áreas de investigação e para o estudo da energia escura.

A missão SPHEREx (Spectrophotometer for the History of the Universe, Epoch of The Re-ionisation and Ices Explorer) da NASA, cujo lançamento está previsto para abril de 2025, destina-se a explorar as origens do Universo. Os cientistas esperam que os dados recolhidos com o SPHEREx, que analisará todo o céu em luz infravermelha próxima, incluindo mais de 450 milhões de galáxias, possam ajudar a alargar a nossa compreensão da energia escura.

A NASA também apoia um projeto de ciência cidadã chamado "Dark Energy Explorers" que permite a qualquer pessoa no mundo, incluindo pessoas sem formação científica, ajudar a encontrar respostas para a questão da energia escura.

CAPÍTULO (2)
CONTRAFACTO ESCURO e ENERGIA ESCURA

2.1. Prefácio

Tudo o que os cientistas podem observar no universo, desde pessoas a planetas, é feito de matéria. A matéria é definida como qualquer substância que tem massa e ocupa espaço. Mas há mais no Universo do que a matéria que nos é permitida ver. A matéria negra e a energia negra são substâncias misteriosas que influenciam e moldam o cosmos, e os cientistas ainda estão a tentar compreendê-las [43].

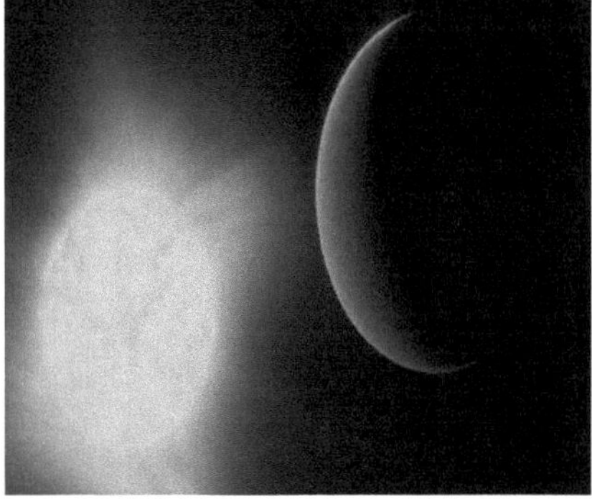

Em suma, não sabemos o que é e não sabemos se existe de facto. No entanto, a grande maioria das evidências favorece a sua existência e é responsável pela "expansão do Universo". Está associada à famosa equação da constante cosmológica de Einstein, à energia do vácuo, etc. [44]. No entanto, um físico chamou-me a atenção para um manuscrito que sugere uma possibilidade interessante: Mostra-se que a energia escura pode ser derivada da interação entre o bosão de Higgs e a inflação.

2.2. Explicação simples e não técnica da matéria negra e da energia negra

A minha regra geral para a física é a seguinte: quanto mais tempo uma ideia estiver em vigor, mais aumenta a nossa capacidade de a explicar numa linguagem simples. Por exemplo, houve uma altura em que a relatividade geral era um tópico de ponta e só se podia ler sobre ela em revistas científicas, mas hoje o Quora está cheio de pessoas que escrevem explicações fazendo pão e folhas de borracha com bolas de bowling como analogias para ajudar a explicá-la [45].

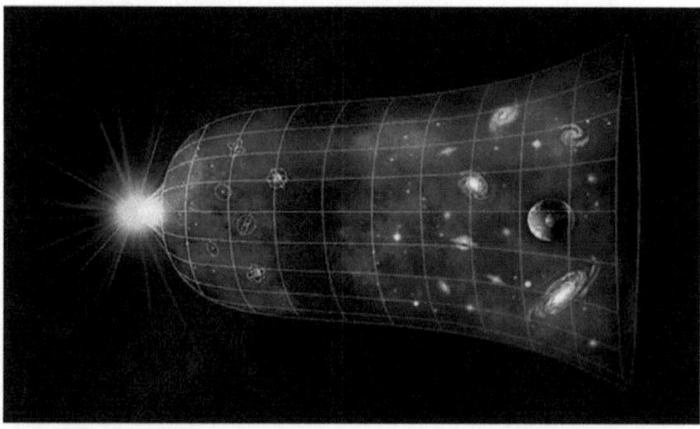

A energia negra não existe há tempo suficiente para fornecer uma explicação razoável que satisfaça os físicos teóricos, quanto mais uma que satisfaça o cidadão comum.

27% do universo é constituído por uma substância misteriosa, a matéria negra, e 68% de energia invisível, a energia negra (o resto, apenas 5%, é matéria comum visível) [46]. Estas duas coisas não interagem com as ondas electromagnéticas e a luz. Por isso, estão completamente escondidas e invisíveis. No entanto, têm um forte efeito gravitacional sobre os objectos no espaço, razão pela qual a sua presença no espaço é previsível. A matéria negra atrai outros objectos exercendo uma força gravitacional. A quantidade de matéria negra em qualquer galáxia é suficiente para atrair todos os objectos da galáxia. A energia negra é um termo cunhado pelos físicos para explicar a expansão acelerada do Universo. No entanto, é um pouco enganador, uma vez que a energia escura não afasta as coisas como se poderia pensar. Em vez disso, a energia negra é uma forma de energia que se pensa existir em todo o lado. Tem uma pressão negativa, ou seja, faz com que o espaço se expanda. Isto contrasta com a pressão positiva da matéria, que contrai o espaço e faz com que a energia se contraia [47]. Crucialmente, a energia negra não é uma força que actua sobre os objectos.

2.3. A matéria negra e a energia negra em palavras simples

São propostas completamente diferentes que a maior parte das pessoas junta erradamente porque pensam que a palavra "escuro" as liga de alguma forma. Estão - é claro - ligadas na medida em que são consideradas matéria-energia no nosso cosmos. Caso contrário, são coisas distintas [48, 49]. Pensa-se que a matéria negra constitui cerca de 23% da "matéria-energia" do Universo (a totalidade das coisas que existem no Universo). Pensa-se que a matéria negra consiste numa partícula incrivelmente maciça que interage apenas fracamente com tudo o resto no Universo. A taxa de expansão do Universo está a acelerar. Observámos este facto. Todos os nossos modelos físicos actuais sugerem que a taxa de expansão do Universo deveria estar a abrandar. Portanto, algo está a fazer com que o Universo se comporte de forma diferente do que as nossas leis da física prevêem. Chamamos a este algo "energia negra". Ou seja, existe de facto. Mas ninguém sabe o que é. A energia escura é um nome fantasioso (que brinca com o termo "objeto escuro"), mas também um termo errado, porque não tem de ser energia, nem tem de ser escura no sentido de ser o oposto da luz.

2.4. Diferença entre energia escura e matéria escura

A matéria escura e a energia escura são como as sombras esquivas que espreitam nas profundezas do universo, provocando-nos com a sua presença e, no entanto, desafiando as nossas tentativas de as compreender plenamente [50]. A matéria negra é como a cola invisível que mantém as galáxias unidas. É esta substância misteriosa que não interage com a luz ou qualquer outra forma de radiação electromagnética. É como o andaime cósmico que mantém as

2.5. Física da matéria negra

Os astrónomos coloriram de azul as concentrações de matéria escura no enorme aglomerado de galáxias Abell 1689. Conseguiram determinar a posição exacta destas concentrações usando lentes gravitacionais [51].

Na continuação de "Born to Run", de Bruce Springsteen, em 1978, ele usa a escuridão nos arredores da cidade como metáfora para o sombrio desconhecido que todos enfrentamos quando crescemos e tentamos compreender o mundo. Da mesma forma, os cosmólogos que trabalham para decifrar a origem e o destino do universo devem identificar-se com o sentimento de desejo trágico de Boss. Estes cientistas que observam as estrelas há muito que enfrentam a sua própria escuridão na periferia da cidade (ou na periferia das galáxias) enquanto tentam explicar um dos maiores mistérios da astronomia [52]:

- A matéria negra é um espaço reservado, como o x ou o y na aula de álgebra, para algo desconhecido e até agora invisível. Um dia ser-lhe-á dado um novo nome, mas por agora temos de nos contentar com a designação provisória e as suas conotações de incerteza sombria.

O facto de os cientistas não saberem como se chama a matéria negra não significa que não saibam nada sobre ela. Sabem, por exemplo, que a matéria negra se comporta de forma diferente da matéria "normal", como as galáxias, as estrelas, os planetas, os asteróides e todos os seres vivos e não vivos da Terra. Os astrónomos classificam tudo isso como matéria bariónica e sabem que a unidade mais básica é o átomo, que por sua vez é constituído por partículas subatómicas ainda mais pequenas, como os protões, os neutrões e os electrões. Ao contrário da matéria bariónica, a matéria escura não emite nem absorve luz ou outras formas de energia electromagnética. Os astrónomos sabem que ela existe porque algo no Universo exerce uma força gravitacional significativa sobre as coisas que podemos ver. Quando os cientistas medem os efeitos desta força gravitacional, estimam que a matéria escura constitui cerca de 23% do

Universo. A matéria bariónica constitui apenas 4,6% e um outro mistério cósmico, chamado energia escura, constitui o resto - uns impressionantes 72%.

2.6. Prova da matéria negra

Há séculos que as galáxias fascinam os astrónomos. Primeiro, aperceberam-se de que o nosso sistema solar estava envolto nos braços de um vasto corpo de estrelas. Depois, surgiram provas de que existiam outras galáxias para além da Via Láctea. Na década de 1920, cientistas como Edwin Hubble catalogaram milhares de "universos-ilha" e registaram informações sobre o seu tamanho, rotação e distância da Terra [53].

Um aspeto importante que os astrónomos queriam medir era a massa de uma galáxia. Mas não se pode simplesmente pesar algo do tamanho de uma galáxia - é preciso determinar a sua massa utilizando outros métodos. Um método é medir a intensidade da luz, ou brilho. Quanto mais brilhante for uma galáxia, mais massa tem. Outra abordagem consiste em calcular a rotação do corpo ou disco de uma galáxia, registando a velocidade a que as estrelas da galáxia se movem em torno do seu centro. As variações na velocidade de rotação devem indicar áreas onde existe uma gravidade diferente e, portanto, massa.

Quando os astrónomos começaram a estudar as rotações das galáxias espirais nas décadas de 1950 e 1960, fizeram uma descoberta intrigante. Esperavam que as estrelas perto do centro de uma galáxia - onde a matéria visível está mais concentrada - se movessem mais depressa do que as estrelas nas extremidades. Em vez disso, verificaram que as estrelas na extremidade de uma galáxia tinham a mesma velocidade de rotação que as estrelas perto do centro. Os astrónomos observaram isto pela primeira vez na Via Láctea e, nos anos 70, Vera Rubin confirmou o fenómeno quando fez medições quantitativas detalhadas de estrelas em várias outras galáxias, incluindo Andrómeda (M31). A implicação de todos estes resultados apontava para duas possibilidades: algo estava fundamentalmente errado com a nossa compreensão da gravidade e da rotação, o que parecia improvável dado que as leis de Newton tinham resistido a muitos testes durante séculos. Ou, mais provavelmente, as galáxias e os aglomerados de galáxias devem conter uma forma invisível de matéria - a matéria negra - que é responsável pelos efeitos gravitacionais observados. Quando os astrónomos voltaram a sua atenção para a matéria negra, começaram a acumular-se mais provas da sua existência [54, 55].

2.7. Pioneiros da matéria negra

O conceito de matéria negra não tem origem em Vera Rubin. Em 1932, o astrónomo holandês Jan Hendrik Oort descobriu que as estrelas na nossa vizinhança galáctica se moviam mais depressa do que o calculado. Usou o termo "matéria negra" para descrever a massa desconhecida necessária para causar este aumento de velocidade [56]. Um ano mais tarde, Fritz Zwicky começou a estudar as galáxias do aglomerado Coma. Usando medições de luminosidade, determinou quanta massa deveria existir no aglomerado e depois calculou a velocidade a que as galáxias se deveriam mover, uma vez que a massa e a gravidade estão relacionadas. No entanto, quando mediu as suas velocidades reais, apercebeu-se de que as galáxias se moviam muito, muito mais depressa do que esperava. Para explicar a discrepância, Zwicky sugeriu que havia mais massa - duas ordens de grandeza mais - escondida entre a matéria visível. Tal como Oort, Zwicky chamou a este material invisível matéria escura.

2.8. Prova da existência da Matéria Negra: Redescobrir

É um duplo anel de Einstein! O Hubble fotografou o campo gravitacional de uma galáxia elíptica, que distorce a luz de duas galáxias mesmo atrás dela. Obrigado, Hubble [57].

Os astrónomos que estudam as galáxias distantes do Universo continuam a deparar-se com informações intrigantes. Alguns intrépidos observadores de estrelas voltaram a sua atenção para os aglomerados galácticos - nós de galáxias (tão poucos como 50 e tantos como mil) mantidos juntos pela gravidade - na esperança de encontrar bolsas quentes de gás que anteriormente não tinham sido detectadas e que poderiam ser responsáveis pela massa atribuída à matéria escura [58]. Quando apontaram telescópios como o Chandra X-ray Observatory para estes aglomerados, encontraram, de facto, enormes nuvens de gás sobreaquecido. No entanto, a quantidade não era suficiente para explicar as diferenças de massa. A medição da pressão do gás quente nos enxames de galáxias mostrou que deve haver cerca de cinco a seis vezes mais matéria escura do que todas as estrelas e gases que observamos. Caso contrário, não haveria gravidade suficiente nos aglomerados para impedir que o gás quente escapasse.Os aglomerados galácticos forneceram outras pistas sobre a matéria escura. Com base na teoria geral da relatividade de Albert Einstein, os astrónomos demonstraram que os aglomerados e superaglomerados podem distorcer o espaço-tempo devido à sua imensa massa. Os raios de luz que emanam de um objeto distante atrás de um aglomerado viajam através do espaço-tempo distorcido, fazendo com que os raios se dobrem e convirjam no seu caminho para o observador. O enxame actua assim como uma grande lente gravitacional, semelhante a uma lente ótica. A imagem distorcida do objeto distante pode aparecer de três formas possíveis, dependendo da forma da lente [59]:

- **Anel:** A imagem aparece como um círculo parcial ou completo de luz, conhecido como anel de Einstein. Isto acontece quando o objeto distante, a galáxia e o observador/telescópio estão perfeitamente alinhados. É algo como um alvo cósmico.

- **Alongada ou elíptica:** A imagem é dividida em quatro imagens e aparece como uma cruz, conhecida como cruz de Einstein.

- **Aglomerado:** A imagem aparece como uma série de arcos e pedaços de arcos em forma de banana.

Ao medir o ângulo de deflexão, os astrónomos podem calcular a massa da lente gravitacional (quanto mais forte for a deflexão, mais maciça é a lente). Usando este método, os astrónomos confirmaram que os enxames de galáxias têm, de facto, massas elevadas que excedem as massas medidas a partir da matéria luminosa, fornecendo provas adicionais da existência de matéria escura.

2.9. Mapeamento do objeto escuro

À medida que os astrónomos reuniam provas da existência - e da espantosa quantidade - de matéria escura, recorreram aos computadores para criar modelos de como o estranho material poderia estar organizado. Fizeram suposições educadas sobre a quantidade de matéria bariónica e escura que poderia existir no Universo, e depois mandaram o computador desenhar um mapa com base nessa informação [60, 61].
As simulações mostraram que a matéria negra é um material semelhante a uma

rede que se entrelaça com a matéria visível normal. Nalguns locais, a matéria escura fluía em aglomerados. Noutros locais, expandiu-se e formou longos filamentos fibrosos, nos quais as galáxias parecem estar emaranhadas como insectos presos em seda de aranha. De acordo com o computador, a matéria negra pode estar em todo o lado, mantendo o Universo unido como uma espécie de tecido conjuntivo invisível.

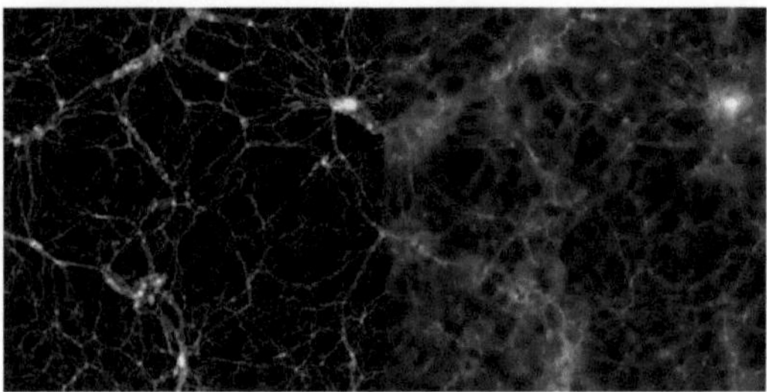

Desde então, os astrónomos têm trabalhado diligentemente para criar um mapa semelhante da matéria negra com base em observações directas. E utilizaram uma das mesmas ferramentas - as lentes gravitacionais - que ajudaram a provar a existência da matéria negra. Estudando os efeitos de refração dos aglomerados de galáxias e combinando os dados com medições ópticas, conseguiram "ver" a matéria invisível e começaram a compilar mapas precisos.

Nalguns casos, os astrónomos mapeiam aglomerados individuais. Por exemplo, em 2011, duas equipas utilizaram dados do observatório de raios X Chandra e de outros instrumentos, como o Telescópio Espacial Hubble, para mapear a distribuição da matéria escura num aglomerado de galáxias chamado Abell 383, que fica a cerca de 2,3 mil milhões de anos-luz da Terra.

Ambas as equipas chegaram à mesma conclusão: a matéria escura no aglomerado não é esférica, mas sim em forma de ovo, como uma bola de futebol americano, com uma extremidade a apontar para o observador [62].

No entanto, os investigadores discordaram quanto à densidade da matéria escura no Abell 383, com uma equipa a calcular que a matéria escura se encontrava no centro do aglomerado, enquanto a outra mediu menos matéria escura no centro. Mesmo com estas discrepâncias, os esforços independentes provaram que a matéria negra podia ser detectada e mapeada com sucesso.

Em janeiro de 2012, uma equipa internacional de investigadores publicou os resultados de um projeto ainda mais ambicioso. Utilizando a câmara de 340 megapixéis do Telescópio Canadá-França-Havaí (CFHT) na montanha Mauna Kea, no Havai, os cientistas estudaram os efeitos da lente gravitacional de 10 milhões de galáxias em quatro regiões diferentes do céu noturno durante um período de cinco anos. Quando juntaram tudo, obtiveram uma imagem da matéria negra que abrangia mais de mil milhões de anos-luz de espaço - o maior mapa de matéria invisível até à data. O produto final assemelhava-se às simulações computorizadas anteriores, revelando uma vasta teia de matéria negra que se estendia pelo espaço e se misturava com a matéria normal que conhecemos há séculos.

2.10. Identificar partículas de objectos escuros

Com base nas provas disponíveis, a maioria dos astrónomos concorda que a matéria negra existe. Têm mais perguntas do que respostas. A maior questão, atrevemo-nos a dizer Uma das maiores investigações em toda a cosmologia é sobre a natureza exacta da matéria escura. Será um tipo de matéria exótico e por descobrir ou uma matéria vulgar que temos dificuldade em observar? A última possibilidade parece improvável, mas os astrónomos consideraram alguns candidatos, que designam por MACHOs ou objectos compactos maciços do halo [63].Os MACHOs são grandes objectos que se encontram nos halos das galáxias mas que não podem ser detectados devido à sua baixa luminosidade. Estes objectos incluem anãs castanhas, anãs brancas extremamente escuras, estrelas de neutrões e até buracos negros. Os MACHOs contribuem provavelmente para o puzzle da matéria escura, mas simplesmente não são suficientes para explicar toda a matéria escura numa única galáxia ou aglomerado de galáxias.

Os astrónomos acreditam que é mais provável que a matéria negra seja constituída por um tipo de matéria completamente novo, composto por um novo tipo de partícula elementar. Inicialmente, pensaram nos neutrinos, partículas elementares que foram postuladas pela primeira vez na década de 1930 e depois descobertas na década de 1950. No entanto, como têm tão pouca massa, os cientistas duvidam que constituam uma grande proporção da matéria negra.

Outros candidatos são fruto da imaginação científica. Uma delas é conhecida como WIMP (weakly interacting massive particle). Se tal partícula existir, teria uma massa dezenas ou centenas de vezes superior à de um protão, mas interagiria tão fracamente com a matéria comum que seria difícil de detetar. As WIMPs poderiam incluir qualquer número de partículas estranhas, tais como [64-67]:

- **Neutralinos (neutrinos maciços):** Partículas hipotéticas que são semelhantes aos neutrinos, mas mais pesadas e lentas. Embora ainda não tenham sido descobertos, são os pioneiros na categoria dos WIMP.

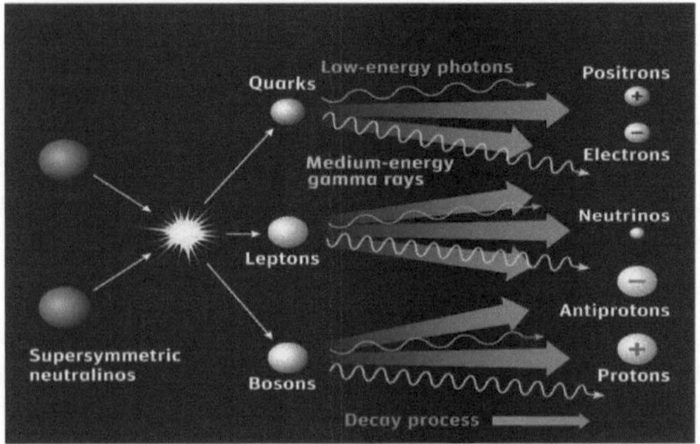

- **Axiões:** Pequenas partículas neutras com uma massa inferior a um milionésimo de um eletrão. Os axiões podem ter sido criados em grandes quantidades durante o Big Bang.

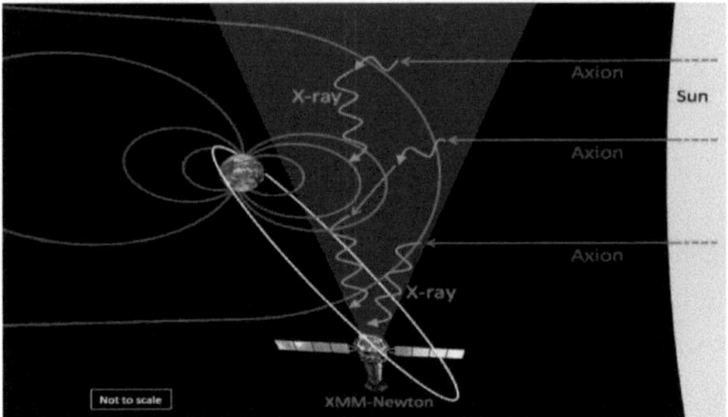

Fotinos: Semelhantes aos fotões, cada um com uma massa 10 a 100 vezes superior à de um protão. Os fotinos não têm carga e, tal como o nome WIMP, interagem apenas fracamente com a matéria.

Os cientistas de todo o mundo continuam a procurar intensamente a verdadeira partícula da matéria negra. Um dos seus laboratórios mais importantes, o Grande

Colisor de Hádrons (LHC), está localizado nas profundezas do subsolo, num túnel circular de 26,5 quilómetros de comprimento que atravessa a fronteira franco-suíça.

No túnel, campos eléctricos aceleram dois feixes cheios de protões a velocidades absurdas e depois fazem-nos colidir, libertando um feixe complexo de partículas. O objetivo das experiências do LHC não é a criação direta de WIMPs, mas a criação de outras partículas que possam decair em matéria escura. Este processo de decaimento, embora quase instantâneo, permitiria aos cientistas seguir as mudanças de momento e de energia que forneceriam provas indirectas de uma nova partícula. Outras experiências envolvem detectores subterrâneos que pretendem registar a matéria negra. Partículas de matéria a passar e a atravessar a Terra.

2.11. Enterrado no Minnesota

Se galáxias distantes são tipicamente cercadas por um envelope de matéria escura, então o mesmo pode acontecer com o caminho. E se este for o caso, então a Terra deve voar através de um mar de partículas de matéria escura na sua viagem à volta do Sol e o Sol na sua viagem à volta da galáxia [68].

Para encontrar partículas de matéria escura, a equipa do Cryogenic Dark Matter Search (CDMS) enterrou uma série de células de germânio nas profundezas do solo em Sudan, Minnesota. Se as partículas de matéria negra existirem, deverão atravessar a Terra sólida e os núcleos dos átomos de germânio, que recuarão e produzirão pequenas quantidades de calor e energia.

Em 2010, a equipa informou que tinha descoberto dois candidatos a WIMP que atingiram as células. Em última análise, os cientistas concluíram que os resultados da experiência com a matéria negra não eram estatisticamente significativos, mas que se tratava de mais uma pista tentadora na procura da substância mais misteriosa do Universo.

2.12. Alternativas ao objeto escuro

Nem toda a gente está convencida da existência de matéria negra, longe disso. Alguns astrónomos acreditam que as leis do movimento e da gravidade formuladas por Newton e alargadas por Einstein podem ter finalmente encontrado o seu par. Se for esse o caso, então uma alteração da gravidade e não uma partícula invisível poderia explicar os efeitos atribuídos à matéria negra [69].

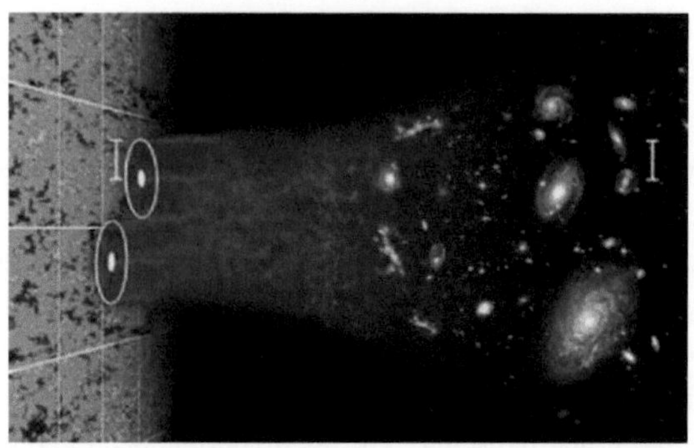

Nos anos 80, o físico Mordehai Milgrom propôs testar a segunda lei do movimento de Newton (força = massa x aceleração, f = ma) no caso do movimento galáctico. A sua ideia básica era que a segunda lei já não se aplica a acelerações muito baixas, correspondentes a grandes distâncias. Para a fazer funcionar melhor, acrescentou uma nova constante matemática à famosa lei de Newton e chamou à modificação MOND ou Dinâmica Newtoniana Modificada. Como Milgrom desenvolveu a MOND como uma solução para um problema específico e não como um princípio físico fundamental, muitos astrónomos e físicos protestaram contra ela [70, 71].

Além disso, a MOND não consegue explicar as evidências de matéria escura detectadas por outras técnicas não baseadas na segunda lei de Newton, como a astronomia de raios X e as lentes gravitacionais. Uma revisão de 2004 da MOND, conhecida como TeVeS (Tensor Vetor Scalar Gravity), introduz três campos diferentes no espaço-tempo para substituir o único campo gravitacional.

Uma vez que o TeVeS incorpora a teoria da relatividade, pode produzir fenómenos como o efeito de lente. Mas isso não pôs fim ao debate. Em 2007, os físicos testaram a segunda lei de Newton para acelerações de apenas 5×10^{-14} m/s2 e verificaram que f = ma se mantém sem as modificações necessárias, fazendo com que a MOND pareça ainda menos atractiva.

Outras alternativas consideram que a matéria negra é uma ilusão resultante da física quântica. Em 2011, Dragan Hajdukovic, da Organização Europeia para a Pesquisa Nuclear (CERN), propôs que o espaço vazio fosse preenchido com partículas de matéria e antimatéria que não eram apenas opostos eléctricos, mas também opostos gravitacionais. Com cargas gravitacionais diferentes, as partículas de matéria e antimatéria formariam dipolos gravitacionais no espaço. Se estes dipolos se formassem perto de uma galáxia - um objeto com um campo gravitacional maciço - os dipolos gravitacionais tornar-se-iam polarizados e amplificariam o campo gravitacional da galáxia. Isto explicaria os efeitos gravitacionais da matéria escura sem a necessidade de formas novas ou exóticas de matéria.

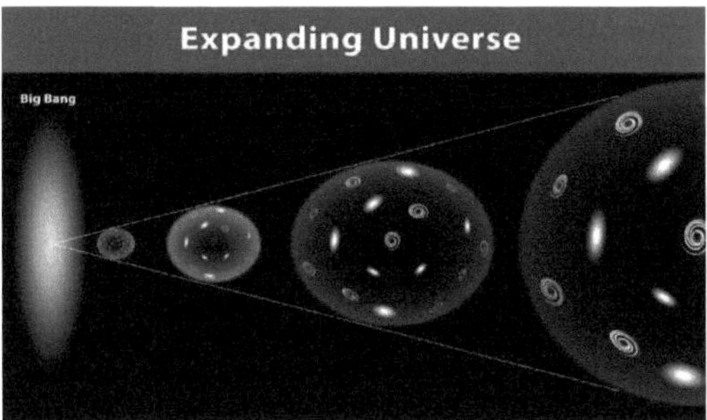

De acordo com a cronologia da NASA, a expansão do universo está a acelerar.

Se a matéria escura actua como uma cola cósmica, os astrónomos devem ser capazes de explicar a sua existência com base na teoria prevalecente sobre a origem do Universo. A teoria do Big Bang afirma que o Universo primitivo sofreu uma enorme expansão e continua a expandir-se atualmente [72-74]. Para que a gravidade aglutine as galáxias em paredes ou filamentos, devem ter sobrado grandes quantidades de massa do Big Bang, especialmente massa invisível sob a forma de matéria escura. De facto, simulações em supercomputador da formação do Universo mostram que galáxias, aglomerados galácticos e estruturas maiores podem eventualmente formar-se a partir de aglomerados de matéria escura no Universo primitivo.

A matéria negra não só dá estrutura ao universo, como também pode desempenhar um papel no seu destino. O Universo está a expandir-se, mas será que se vai expandir para sempre? A gravidade determinará, em última análise, o destino da expansão, e a gravidade depende da massa do Universo; mais especificamente, existe uma densidade de massa crítica no Universo de 10-29 g/cm3 (o equivalente a alguns átomos de hidrogénio numa cabine telefónica) que determina o que pode acontecer [75].

- Universo fechado: Se a densidade de massa real for superior à densidade de massa crítica, o Universo expandir-se-á, abrandará, parará e entrará em colapso num "big crunch". - Universo crítico ou plano: Se a densidade de massa real for igual à densidade de massa crítica, o Universo continuará a expandir-se para sempre, mas a taxa de expansão abrandará com o tempo. Tudo no Universo acabará por arrefecer.

- Universo aberto ou em desdobramento: Se a densidade de massa atual for inferior à densidade de massa crítica, o Universo continua a expandir-se sem alterar a sua taxa de expansão.

As medições da densidade de massa devem incluir tanto a matéria clara como a matéria escura. Por isso, é importante saber quanta matéria escura existe no Universo.

Observações recentes dos movimentos de supernovas distantes sugerem que a taxa de expansão está, de facto, a acelerar. Isto abre uma quarta possibilidade: um universo acelerado em que todas as galáxias se afastam umas das outras com relativa rapidez e o universo se torna frio e escuro (mais depressa do que no universo aberto, mas ainda na ordem das dezenas de milhares de milhões de anos).

O que causa esta aceleração é desconhecido, mas chama-se energia escura. A energia escura é ainda mais misteriosa do que a matéria escura - e é apenas mais um exemplo da escuridão da astronomia na periferia da cidade.

2.13. Tipo de matéria negra

Os astrónomos acreditam que é mais provável que a matéria negra seja constituída por um tipo de matéria completamente novo, composto por um novo tipo de partícula elementar. Estas partículas são conhecidas como WIMPs (weakly interacting massive particles). Quando existem, têm uma massa que é dezenas ou centenas de vezes maior do que a de um protão. No entanto, a sua interação com a matéria comum é tão fraca que é difícil reconhecê-las [76].

2.13.1. Descoberta da matéria negra

Em 1932, o astrónomo holandês Jan Hendrik Oort descobriu que as estrelas na nossa vizinhança galáctica se moviam mais depressa do que o calculado. Oort utilizou o termo "matéria negra" para descrever a massa desconhecida necessária para causar este aumento de velocidade [77].

Quando os astrónomos começaram a estudar as rotações das galáxias espirais nos anos 50 e 60, fizeram uma descoberta intrigante. Esperavam ver estrelas perto do centro de uma galáxia, onde a matéria visível está mais concentrada, a moverem-se mais depressa do que as estrelas nas extremidades. O que viram, em vez disso, foi que as estrelas na extremidade de uma galáxia tinham a mesma velocidade de rotação que as estrelas perto do centro.

2.13.2. Definição de energia negra

Observações recentes dos movimentos de supernovas distantes sugerem que a taxa de expansão do Universo está de facto a acelerar. O que está a causar esta aceleração é desconhecido, mas chama-se energia escura. Segundo a NASA, a energia escura representa uns impressionantes 72% do Universo [78].

2.13.3. Localização do objeto escuro

Os astrónomos acreditam que a matéria escura pode ser encontrada dentro e entre galáxias, com uma maior concentração no centro de uma galáxia [79].

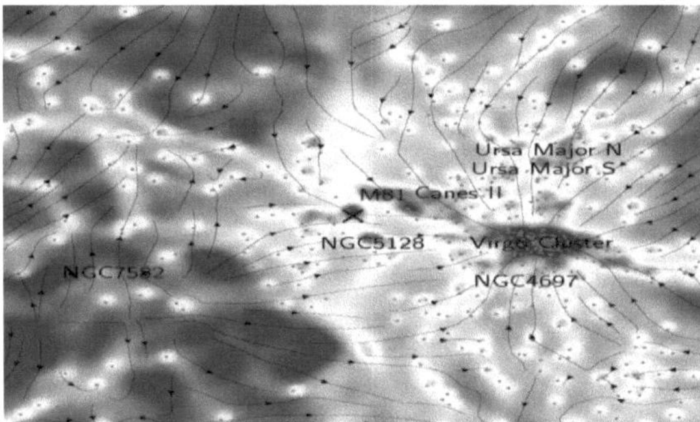

3.14. Nova teoria da matéria negra

Pensa-se que a matéria negra constitui 85% da matéria do Universo. Não é luminosa e a sua natureza ainda não é bem compreendida. Enquanto a matéria normal absorve, reflecte e emite luz, a matéria negra não pode ser vista diretamente, tornando-a difícil de detetar. Uma teoria da matéria escura auto-interactiva, ou SIDM, assume que as partículas de matéria escura interagem entre si através de uma força escura e colidem violentamente entre si perto do centro de uma galáxia [80].

Nova teoria da matéria negra explica dois mistérios da astrofísica

Num trabalho publicado no The Astrophysics Journal Letters, uma equipa de investigação liderada por Hai-Bo Yu, Professor de Física e Astronomia na Universidade da Califórnia, Riverside, relata que a SIDM pode explicar simultaneamente dois puzzles extremos opostos da astrofísica [80].
"O primeiro é um halo de matéria escura de alta densidade numa galáxia elíptica maciça", disse Yu. "O halo foi descoberto através de observações de fortes efeitos de lentes gravitacionais e a sua densidade é tão elevada que é extremamente improvável na teoria prevalecente da matéria escura fria. A segunda é que os halos de matéria escura de galáxias ultra-difusas têm densidades extremamente baixas e são difíceis de explicar com a teoria da matéria escura fria."
Um halo de matéria escura é o halo de objectos invisíveis que permeia e rodeia uma galáxia ou um aglomerado de galáxias. Os efeitos de lente gravitacional ocorrem quando a luz que viaja através do Universo a partir de galáxias distantes é curvada em torno de objectos maciços. O paradigma/teoria da matéria escura fria, ou MDL, assume que as partículas de matéria escura não sofrem colisão. Como o nome sugere, as galáxias ultra-difusas têm uma luminosidade extremamente baixa e as suas estrelas e gases estão amplamente

distribuídos.

Yu foi acompanhado no estudo por Ethan Nadler , um investigador de pós-doutoramento conjunto dos Observatórios Carnegie e da Universidade do Sul da Califórnia, e Daneng Yang , um investigador de pós-doutoramento da UCR.

Para mostrar que a SIDM pode explicar os dois enigmas da astrofísica, a equipa realizou as primeiras simulações de alta resolução da formação de estruturas cósmicas com fortes auto-interacções de matéria escura em escalas de massa relevantes para o halo de lente forte e galáxias ultra-difusas. "Estas auto-interacções levam à transferência de calor no halo, o que diversifica a densidade do halo nas regiões centrais das galáxias", disse Nadler. "Por outras palavras, alguns halos têm densidades centrais mais elevadas e outros têm densidades centrais mais baixas em comparação com os seus homólogos CDM, com os detalhes a dependerem da história evolutiva cósmica e do ambiente de cada halo." De acordo com a equipa, os dois puzzles representam um desafio formidável para o paradigma padrão do MDL [80].

"O MDL é um desafio para explicar estes enigmas", disse Yang. "O SIDM é provavelmente o candidato mais convincente para conciliar os dois extremos opostos. Não existem outras explicações disponíveis na literatura. Agora há uma probabilidade intrigante de que a matéria escura possa ser mais complexa e vibrante do que esperávamos". A investigação também demonstra o quão poderosas são as observações astrofísicas com simulações computorizadas da formação de estruturas cósmicas. "Esperamos que o nosso trabalho estimule novos estudos neste promissor domínio de investigação", disse Yu. "Com o afluxo de dados esperado num futuro próximo de observatórios astronómicos como o Telescópio Espacial James Webb e o próximo Observatório Rubin, este desenvolvimento chega na altura certa." Desde cerca de 2009, o trabalho de Yu e dos seus colaboradores tem ajudado a popularizar o SIDM na comunidade da física de partículas e da astrofísica. A investigação foi apoiada pela Fundação John Templeton e pelo Departamento de Energia dos EUA. O título do artigo de acesso livre é "A Self-Interacting Dark Object Solution to the Extreme Variety of Low-Mass Halo Properties".

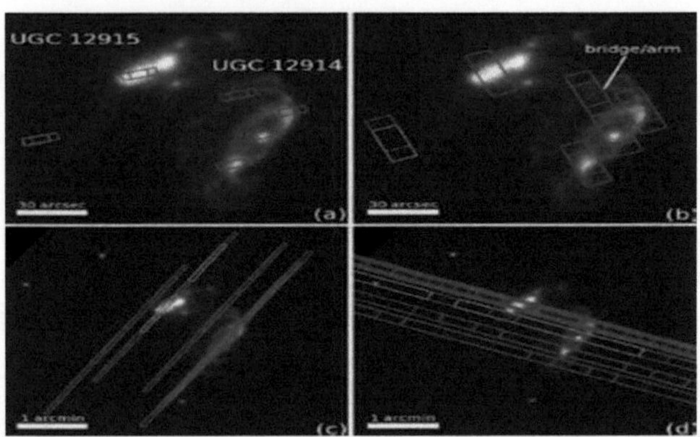

A imagem mostra o sistema de lentes gravitacionais SDSSJ0946+1006: NASA, ESA e R. Gavazzi e T. Treu.

58

CAPÍTULO (3)
Exemplos de energia negra

3.1. Exemplos da Dunkel Energie

A energia negra é uma força misteriosa que se pensa ser responsável pela expansão acelerada do Universo. Ao contrário da matéria ou da radiação, a energia escura não se aglomera nem se dilui à medida que o Universo se expande. Exemplos de energia escura são a aceleração cósmica e a energia do vácuo [81, 82].

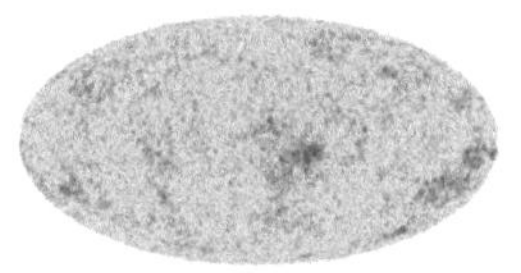

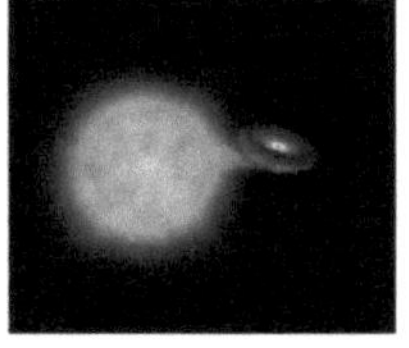

3.2. Exemplos de Linear movimento

Existem muitas formas de energia no universo, desde a energia mecânica e a energia nuclear até à energia potencial e à energia cinética. Mas recentemente foi descoberta uma força misteriosa que se esconde nas profundezas do espaço. Não a conseguimos ver, mas sabemos que está lá. E trouxe consigo um amigo [83].

A energia negra e a sua contraparte, a matéria negra, estão a fazer com que os cosmólogos repensem tudo o que pensávamos saber sobre o universo.

3.3. Definir energia negra

Em primeiro lugar, devemos esquecer o "escuro" como cor ou como palavra que descreve algo que é opaco. Porquê? Porque não podemos ver a energia escura ou a matéria escura. Não estamos a falar da cor preta que imaginamos quando imaginamos os espaços vazios do Universo. Mas antes de avançarmos, comecemos pelo início da história do Universo. A teoria do Big Bang explica como o denso universo primitivo se expandiu rapidamente e criou matéria. À medida que o Universo arrefeceu, tornou-se menos denso e as estrelas e galáxias espalharam-se. Entre estes planetas e galáxias existe um espaço vazio, o vácuo. Pensava-se que estes espaços estavam vazios, mas agora sabemos que contêm uma forma de energia. O nosso universo não é estático e, à medida que a expansão do universo continua, mais espaço - e vácuo - é criado [84].A energia negra pode ser considerada como energia de vácuo, a energia que contém um vácuo. Se há mais espaço, há mais vácuo no espaço e, portanto, mais energia escura. Quanto mais energia escura existir, mais influência pode ter. O obstáculo é o facto de não conseguirmos ver a energia escura. Os físicos compreendem agora que, em teoria, a energia escura é uma forma de energia repulsiva. Não, não queremos dizer repulsiva no sentido de nojo ou aversão. Pelo contrário, a natureza da energia escura é que exerce uma pressão negativa sobre os objectos, contrariando assim as forças atractivas da gravidade.

3.4. Energia negra e universo

As primeiras teorias da astrofísica centravam-se na forma como a gravidade e a massa dos objectos influenciavam a expansão do Universo. As primeiras teorias do Universo pressupunham que a matéria e a antimatéria deveriam estar presentes em quantidades iguais. No entanto, existe muito mais matéria do que antimatéria no Universo.

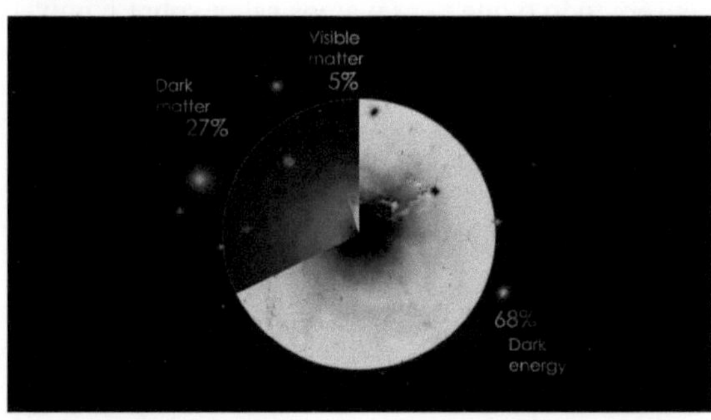

A descoberta da energia escura tem implicações profundas para os cosmólogos. A energia escura poderia ser uma constante cosmológica, algo que acontece sempre. Isto significaria que a energia escura é criada em proporção à quantidade de espaço novo criado pela expansão do Universo.

Alguns cosmólogos especulam que a energia escura é um novo campo de energia ou mesmo um fluido que preenche o espaço, a que chamaram quintessência. Tudo isto são considerações teóricas.

Dois outros cenários apocalípticos desenvolveram-se em torno da energia escura [85]:

- O primeiro levará ao grande descanso em paz. A expansão cada vez mais acelerada d o universo, causada pela criação de energia negra, leva à destruição do universo. Eventualmente, a enorme quantidade de energia escura faz com que planetas e galáxias sejam despedaçados e rasgados através de buracos.

- A segunda possibilidade, igualmente perturbadora, é o Big Crunch , em que o Universo deixa de acelerar para o exterior e começa a contrair-se e a comprimir-se. Isto pode acontecer se a energia escura alterar as suas propriedades ou se a gravidade "ganhar" a batalha com as propriedades repulsivas da energia escura.

3.5.Figura da energia negra

Como mencionado anteriormente, não podemos ver a energia escura, mas sabemos que existe porque a podemos detetar. O Big Bang criou matéria e radiação, e é a radiação que nos ajuda a compreender que a energia escura existe [86].

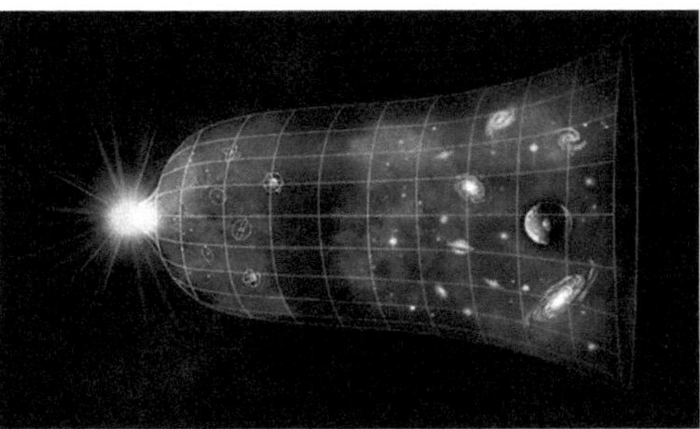

Os cosmólogos estão a analisar a Via Láctea e mais além, estudando a radiação que sobrou do Big Bang, conhecida como Fundo Cósmico de Micro-ondas, ou CMB. Esta CMB tem uma temperatura uniforme, pelo que os cosmólogos procuram as mudanças de temperatura e as flutuações chamadas oscilações

acústicas dos bariões para desvendar os segredos do Universo. Estas mudanças de temperatura mostram que o Universo é composto por três coisas:
- A matéria normal, também conhecida como matéria bariónica. Os planetas, os buracos negros, as supernovas e todos os objectos com massa contêm protões, neutrões e electrões e são, portanto, matéria bariónica.
- Objeto escuro
- Energia negra

3.6. A energia negra no universo

Foram efectuados vários estudos do céu para medir a sua massa total [87]. Em 2013, a Agência Espacial Europeia (ESA) publicou o seu estudo sobre a energia escura, baseado em medições da sua sonda de alta precisão: 1. .2.3.1.1.2.2.3.1 ... sonda. O Planck concluiu que o universo é constituído por 5% de matéria normal, 27% de matéria negra e 68% de energia negra. Recentemente (junho de 2021), a National Science Foundation publicou um livro sobre a energia escura O inquérito concluiu a imagem mais exacta de um oitavo do céu noturno. Descobriram que é composto por 5% de matéria, 25% de matéria escura e 70% de energia escura. O Telescópio Fermi de Grande Área (LAT) da NASA percorre a Via Láctea e mais além, procurando raios gama que nos possam dar pistas sobre a energia e a matéria escuras. Os raios gama são uma forma de radiação que consome muita energia e que emite radiação de estruturas de grande escala, como buracos negros, supernovas, etc.

3.7. Arneses da Dunkel Energie

Sabemos da existência da energia negra, mas ainda não a definimos, vemos ou compreendemos totalmente. Por conseguinte, a utilização da energia escura encontra-se atualmente na fase teórica.

3.8. Destruição da energia negra

A energia negra pode autodestruir-se e decair. Pode transformar-se em matéria bariónica ou mesmo criar uma nova partícula. Uma vez que não compreendemos como é criada, não sabemos como a destruir.

3.9. Diferenças entre energia escura e objeto escuro

A energia escura é uma força energética que impulsiona o universo. A sua aceleração cósmica contraria a força da gravidade. A matéria negra, que tem massa, ajuda a manter unidas as galáxias e o Universo, ligando-os graças ao seu efeito gravitacional [88].

3.10. Descobridor da energia negra

Houve vários passos fundamentais para a descoberta da energia negra. Primeiro, temos de viajar até à Inglaterra do século XVII, onde a lei da gravidade de Isaac Newton provou que existe uma força gravitacional entre todos os objectos com massa.

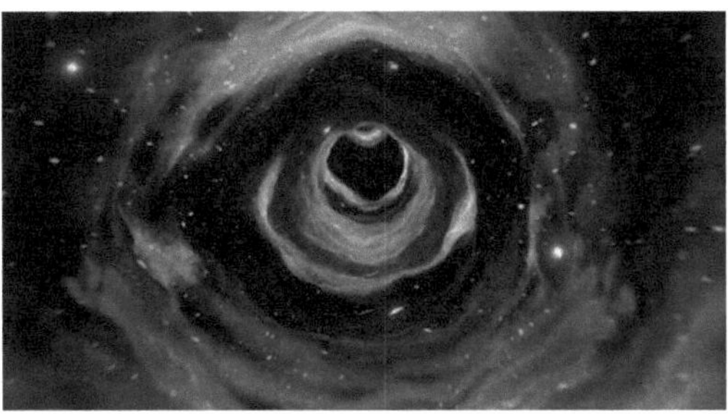

No início do século XX, Albert Einstein alargou a lei de Newton com a sua teoria da relatividade geral. Einstein acreditava que a massa podia puxar, dobrar e encadear o espaço, quer na Terra quer à escala cósmica. A teoria de Einstein significava que a gravidade acabaria por conduzir a um abrandamento da expansão do Universo.

3.11. Edwin Hubble e a descoberta da energia negra

Em 1929, o cosmólogo e astrónomo americano Edwin Hubble concluiu que vivemos num universo em expansão [89]. Hubble observou muitos aglomerados de galáxias, todos a afastarem-se da Terra e do nosso sistema solar. O que ele notou foi que as galáxias distantes estavam a afastar-se da Terra mais rapidamente do que as galáxias mais próximas da Terra. Hubble viu o Universo em expansão e desenvolveu um cálculo para provar as suas observações.
Como é que o Hubble tinha tanta certeza? Bem, a luz viaja como ondas. Sabemos que o espaço está a expandir-se e a ficar maior. Para que a luz possa penetrar, este espaço em expansão tem de se expandir. Quando os comprimentos

de onda se expandem, tornam-se mais longos, e os comprimentos de onda mais longos parecem mais vermelhos ao olho humano. Este fenómeno é designado por desvio para o vermelho. Quanto mais vermelha é a luz de uma galáxia, mais longe a luz viajou.

3.12. Descoberta de um objeto escuro

Na década de 1930, o astrónomo suíço-americano Fritz Zwicky viu provas da existência de matéria negra. Zwicky observou o aglomerado de Coma e os movimentos das galáxias que o constituem. Tinha calculado antecipadamente a sua velocidade esperada, com base na sua matéria visível. Mas Zwicky estava errado, e os seus cálculos estavam errados. Terá sido um erro? Talvez não, e várias pessoas continuaram o seu trabalho [89].

A ideia de partículas por descobrir era popular nos círculos da física de partículas na década de 1960. Poderiam elas fazer parte dos problemas computacionais que Zwicky enfrentava? Na década de 1970, a astrónoma americana Vera Rubin descobriu algo semelhante ao que Zwicky viu nos aglomerados de galáxias, mas com uma diferença adicional. As suas observações mostraram que as regiões exteriores das galáxias espirais rodavam mais depressa do que o esperado. Tanto Zwicky como Rubin sabiam algo sobre a gravidade e a velocidade das galáxias.

O próximo a pegar no bastão foi o físico americano James Peebles, em 1974. Não se limitou a analisar a matéria visível para calcular a massa das galáxias. Peebles também esteve envolvido no desenvolvimento de movimentos de galáxias no seu trabalho e descobriu que estas eram muito mais pesadas do que o esperado. Foram desenvolvidos novos cálculos para ter em conta esta matéria negra. A contabilização da matéria negra significava agora que as estimativas de massa eram equilibradas quando aplicadas à pesagem de tudo, desde a massa das galáxias a estruturas de grande escala, como os enxames de galáxias.

3.13. Energia Negra e Forças Gravitacionais

Na década de 1990, cada vez mais pessoas estavam a tomar consciência de que algo invisível estava a acontecer no universo.

Em 1998, o Telescópio Espacial Hubble da NASA, que está estacionado no Space Telescope Science Institute (STSCI), foi direcionado para supernovas muito distantes; uma supernova é uma estrela em explosão.

As supernovas de tipo Ia são muito brilhantes e, por isso, ideais para estudos. O que o telescópio Hubble demonstrou destruiu todas as ideias anteriores sobre o universo primitivo. O Big Bang não conduziu a uma expansão acelerada. O Universo tinha uma taxa de expansão mais lenta na sua infância e uma taxa muito mais lenta do que a taxa de expansão que observamos atualmente. Os especialistas ficaram chocados e começaram a questionar a teoria de Einstein, a gravidade e a matéria - em vão.

3.14. Descoberta da energia escura e do objeto escuro

O Prémio Nobel da Física de 2011 foi um ponto de viragem para a energia escura [90]. Três astrofísicos - Saul Perlmutter, Brian Schmidt e Adam Riess - foram galardoados "pela descoberta da expansão acelerada do Universo através de observações de supernovas distantes". O seu objetivo inicial era demonstrar como a gravidade causava o abrandamento gradual da expansão do Universo. O americano Perlmutter iniciou, em 1988, o Projeto de Cosmologia das Supernovas, proposto neste espírito. Em 1994, a Equipa de Pesquisa de

Supernovas High-z, liderada por Schmidt e pelo importante Riess, juntou-se a Perlmutter. Descobriram que a energia escura é a componente dominante do Universo, uma força repulsiva que acelera a expansão do Universo. A teoria era sólida, mas ainda ninguém era capaz de explicar o que era a energia escura ou a matéria escura.

3.15. Definição profunda de objeto escuro

A matéria negra está fora do modelo padrão da física de partículas. As partículas de matéria negra são matéria não-bariónica desconhecida. O modelo padrão descreve os blocos de construção do universo que constituem toda a matéria conhecida, a matéria comum, que inclui os velhos favoritos como os fotões e os electrões. O modelo também inclui o agora famoso bosão de Higgs, que foi descoberto em 2012 por cientistas que utilizam o Grande Colisor de Hádrons (LHC) do Conselho Europeu de Pesquisa Nuclear (CERN). A matéria negra é invisível, mas tem massa que tem efeitos gravitacionais. O que não sabemos é porque é que tem massa. A matéria negra não absorve a luz e não a impede de passar. Não interage com nada que conheçamos. Mas sabemos que interage com a gravidade porque distorce a luz, pelo que há provas da existência da matéria negra.

Não existe uma definição fixa de matéria negra. Alguns candidatos a matéria negra são:

- **Partículas sólidas que interagem fracamente:** Também designadas por WEICHLINGE , estas partículas hipotéticas interagem fracamente com outras partículas e não emitem nem absorvem luz. Quando as WEICHLINGE colidem, aniquilam-se e produzem raios gama.

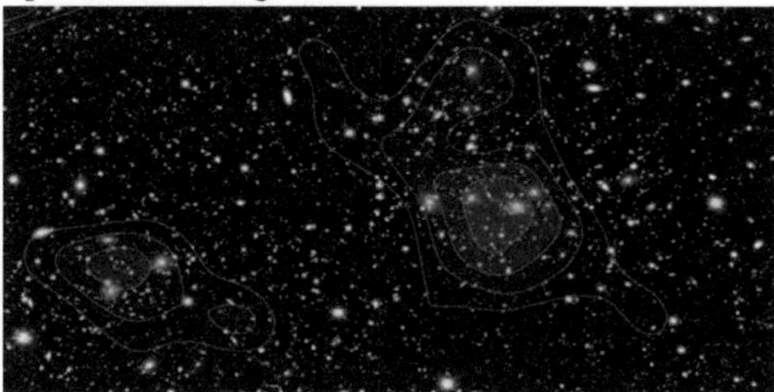

- **Axiões:** São outro tipo de partículas subatómicas hipotéticas que podem ser matéria negra.
- **Neutrinos:** Os neutrinos são partículas conhecidas mas misteriosas, com ideias

que vão desde a matéria negra a ser um neutrino padrão, um neutrino sólido, ou mesmo um neutrino estéril.

- **Neutralinos: De** som semelhante ao dos neutrinos, os neutralinos são partículas teoricamente não descobertas, grandes mas leves.

3.16. Significado do objeto escuro no universo

O termo "matéria negra" parece sugerir algo escuro ou negro - talvez seja isso que muitos de nós imaginamos ser o espaço exterior. Embora não possamos ver a matéria negra, ela tem efeitos profundos no Universo, alguns dos quais podemos reconhecer. Os cosmólogos estudam estrelas, galáxias e supernovas a muitos anos-luz de distância de nós. A Terra. A luz que irradia destes objectos e viaja até à Terra é distorcida pela matéria negra num processo chamado lente gravitacional. A teoria da relatividade de Einstein também incluía o espaço-tempo, um continuum único que liga o espaço, a gravidade e o tempo. O espaço tem três dimensões - para cima e para baixo, para a esquerda e para a direita, para a frente e para trás - e quando estas são ligadas ao tempo, é criada a quarta dimensão. Einstein reconheceu que os objectos com massa, como os planetas, distorcem o espaço-tempo e abrandam e aceleram o tempo. Quanto mais forte for a força gravitacional, mais lentamente o tempo passa. Pense nos satélites GPS que orbitam a Terra. Viajam a cerca de 14.000 quilómetros por hora. Usam relógios para se manterem sincronizados com o tempo na Terra. No entanto, os relógios dos satélites movem-se muito mais depressa do que os relógios da Terra. Estão 38 microssegundos fora de sincronia todos os dias. Os satélites são reiniciados diariamente para que não forneçam leituras incorrectas.

3.17. Segredo do objeto negro e da energia negra

O espaço, o tempo e a densidade de energia do universo são mistérios que continuam a ultrapassar as nossas fronteiras científicas. A imaginação humana adora especular sobre o espaço na ficção científica e imaginar viver em galáxias distantes, viajar no tempo através de buracos de minhoca e talvez até conhecer um possível deus. As possibilidades da energia escura e da matéria e s c u r a são infinitas. Compreender a energia escura e a matéria escura pode unir-nos ou não. Invisíveis mas conhecidas, estas forças misteriosas podem provocar uma mudança de paradigma na nossa perceção do nosso lugar no espaço. Só o tempo o dirá. As medições de galáxias antigas e quiescentes mostram que os buracos negros estão a crescer mais do que o esperado, o que corresponde a um fenómeno previsto na teoria da gravidade de Einstein. O resultado pode significar que nada de novo foi acrescentado à nossa imagem do Universo para explicar a energia negra: os buracos negros combinados com a gravidade de Einstein são a fonte. O estudo da forma como os buracos negros crescem ao longo do tempo pode ter encontrado a resposta para um dos maiores problemas da cosmologia. Esta foi a conclusão de uma equipa de 17 investigadores de nove países, liderada pela Universidade do Havai e que inclui físicos espaciais do Imperial College de Londres e do STFC RAL.

3.18. Energia pesada versus energia escura

Na década de 1990, descobriu-se que a expansão do Universo está a acelerar - tudo está a afastar-se de tudo o resto a um ritmo cada vez mais rápido. Isto é difícil de explicar - a atração gravitacional entre todos os objectos do Universo deveria estar a abrandar a expansão. Para explicar este facto, foi sugerido que uma "energia negra" era responsável por afastar as coisas mais do que a gravidade. Esta ideia estava ligada a um conceito proposto por Einstein, mas posteriormente rejeitado - uma "constante cosmológica" que contrariava a gravidade e impedia o colapso do Universo. Este conceito foi revitalizado com a descoberta da expansão acelerada do Universo, sendo a sua principal componente um tipo de energia contida no próprio espaço-tempo, conhecida como energia de vácuo. Esta energia afasta ainda mais o Universo e acelera a expansão. No entanto, os buracos negros colocam um problema - a sua gravidade extremamente forte é difícil de combater, especialmente nos seus centros, onde tudo parece colapsar num fenómeno chamado "singularidade". O novo resultado indica que os buracos negros ganham massa de uma forma consistente. Eles contêm energia de vácuo e representam, assim, uma fonte de energia escura. Assim, a formação de singularidades no seu centro deixa de ser necessária.

3.19. Buraco negro e dor

Esta conclusão foi alcançada através do estudo da evolução dos buracos negros durante um período de nove mil milhões de anos. Os buracos negros formam-se quando estrelas maciças atingem o fim da sua vida. Quando se encontram no centro das galáxias, são designados por buracos negros supermaciços. Contêm milhões a milhares de milhões de vezes a massa do nosso Sol num espaço relativamente pequeno e, por isso, geram uma gravidade extremamente forte.

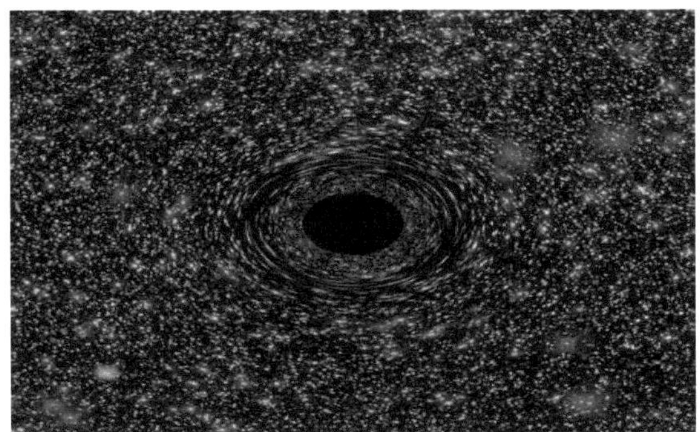

Os buracos negros podem aumentar de tamanho acumulando matéria, por exemplo, fechando estrelas ou fundindo-se com outros buracos negros. Para descobrir se estes efeitos, por si só, podem explicar o crescimento dos buracos negros supermassivos, a equipa analisou dados de um período de nove mil milhões de anos. Os investigadores estudaram um tipo particular de galáxias, as chamadas galáxias elípticas gigantes, que evoluíram no início do Universo e depois se tornaram inactivas. As galáxias inactivas completaram a sua formação estelar e deixam pouco material para o buraco negro se acumular no seu centro. Qualquer crescimento posterior não pode, portanto, ser explicado por estes processos astrofísicos normais. Uma comparação de observações de galáxias distantes (quando eram jovens) com galáxias elípticas locais (que são velhas e mortas) mostrou um crescimento muito maior do que o previsto por acreção ou fusões: os buracos negros de hoje são 7 a 20 vezes maiores do que há nove mil milhões de anos.

3.20. Acoplamento cosmológico

Outras medições com populações relacionadas de galáxias em diferentes pontos da evolução do Universo mostram uma boa concordância entre a dimensão do Universo e a massa dos buracos negros. Estas medições mostram que a quantidade de energia escura medida no Universo pode ser explicada pela energia de vácuo dos buracos negros. Esta é a primeira prova observacional de que os buracos negros contêm efetivamente energia de vácuo e que estão "acoplados" à expansão do Universo e que a sua massa aumenta com a expansão do Universo - um fenómeno conhecido como "acoplamento cosmológico". Se outras observações confirmarem este facto, o acoplamento cosmológico irá redefinir a nossa compreensão do que é um buraco negro.

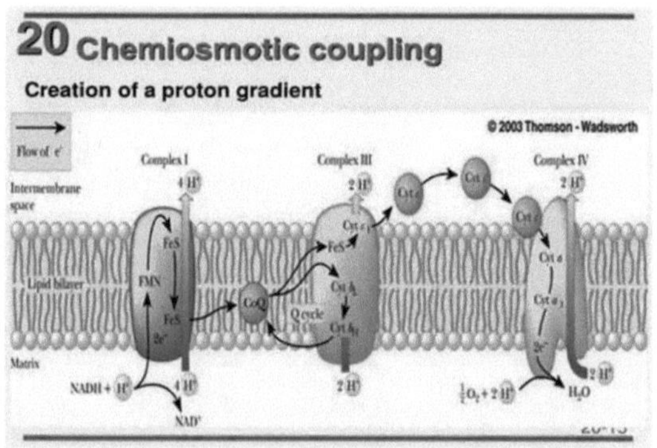

O primeiro autor do estudo, Duncan Farrah, astrónomo da Universidade do Havai e antigo aluno de doutoramento do Imperial College, afirmou: "Na verdade, estamos a dizer duas coisas em simultâneo: que há provas de que as soluções típicas para os buracos negros não funcionam para si e que, em muito, muito tempo, temos a primeira fonte astrofísica de energia escura proposta.

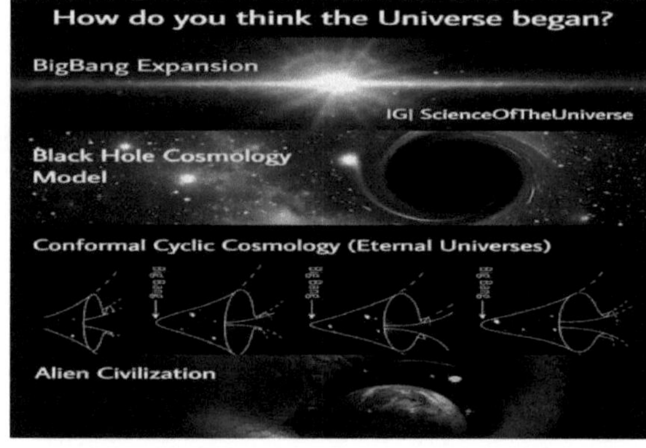

"No entanto, isto não significa que outras pessoas não tenham proposto fontes de energia escura, mas que este é o primeiro estudo observacional em que não acrescentamos nada de novo ao universo como fonte de energia escura: os buracos negros na teoria da gravidade de Einstein são energia escura".

CAPÍTULO (4)
MATÉRIA NEGRA FRIA

4.1. Prefácio

Em cosmologia e física, a matéria escura fria (MDL) é um tipo hipotético de matéria escura. De acordo com o atual modelo padrão da cosmologia, o modelo Lambda-CDM, cerca de 27% do Universo é constituído por 68% de matéria escura e 68% de energia escura. Apenas uma pequena parte é a matéria bariónica comum que constitui as estrelas, os planetas e os organismos vivos. Fria refere-se ao facto de a matéria escura se mover lentamente em comparação com a velocidade da luz, o que lhe confere uma equação de estado de desaparecimento. Escura mostra que interage muito fracamente com a matéria comum e com a radiação electromagnética. Os candidatos propostos para o MDL são partículas de massa com interação fraca, buracos negros primordiais e axiões.

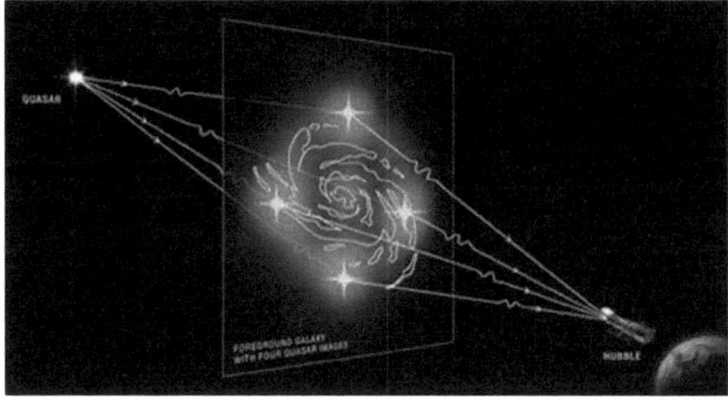

4.2. História

A teoria da matéria negra fria foi proposta pela primeira vez em 1982 por James Peebles [91] ;

- A imagem da matéria escura quente foi proposta simultaneamente e de forma independente por J. Richard Bond , Alex Szalay e Michael Turner. [92] ;

- E George Blumenthal , H. Seiten, E Joel Primack [93] .

- Em 1984, um artigo de revisão de Blumenthal, Sandra Moore Faber, Primack e Martin Rees desenvolveu os pormenores da teoria [94].

-

4.3. Formação de estruturas

Na teoria da matéria escura fria, a estrutura cresce hierarquicamente, com pequenos objectos a colapsarem primeiro sob a sua própria gravidade e depois a fundirem-se numa hierarquia contínua para formar objectos maiores e mais maciços. As previsões do paradigma da matéria escura fria são geralmente consistentes com as observações de grandes eventos cosmológicos. Estrutura-tur . No paradigma da matéria escura quente, popular no início dos anos 80, mas menos popular nos anos 90, a estrutura não se forma hierarquicamente (de baixo para cima) mas por fragmentação (de cima para baixo), com os maiores superaglomerados a formarem primeiro camadas planas, semelhantes a panquecas, e depois a fragmentarem-se em pedaços mais pequenos, como a nossa galáxia, a Via Láctea. Trajetória . Desde o final da década de 1980 ou da década de 1990, a maioria dos cosmólogos tem preferido a teoria da matéria escura fria (especificamente o modelo moderno Lambda-CDM) como uma descrição de como o Universo passou de um estado inicial suave nos primeiros tempos (como revelado pela radiação cósmica de fundo em micro-ondas) para a distribuição irregular de galáxias e seus aglomerados que vemos hoje - a estrutura em grande escala do Universo. As galáxias anãs xies são de importância crucial para esta teoria, uma vez que foram formadas por flutuações de densidade em pequena escala no Universo primitivo [95]; atualmente, tornaram-se blocos de construção naturais a partir dos quais emergem estruturas maiores.

4.4. Composição

A matéria negra é detectada através da sua interação gravitacional com a matéria ordinária e a radiação. Como tal, é muito difícil determinar em que consiste a matéria escura fria. Os candidatos podem ser divididos em três categorias:

- **Áxions** , partículas muito leves com um tipo específico de auto-interação, o que as torna um candidato adequado ao MDL [96, 97]. Desde o final da década de 2010, os áxions se tornaram um dos candidatos mais promissores para a matéria escura [98]. Os áxions têm a vantagem teórica de que sua existência resolve o problema de CP forte na cromodinâmica quântica, mas as partículas de áxion só foram descritas teoricamente e nunca detectadas. Os áxions são um exemplo de uma categoria geral de partículas chamada WISP (weakly interacting "slender" ou "slender" particle), que são as contrapartes de baixa massa das WIMPs.

- **Massive compact halo objects (MACHOs),** objectos grandes e condensados como buracos negros, estrelas de neutrões, anãs brancas, estrelas muito ténues ou objectos não luminosos como planetas. A procura destes objectos consiste em utilizar lentes gravitacionais estacionárias para detetar os efeitos destes objectos nas galáxias de fundo. A maioria dos especialistas acredita que as limitações desta pesquisa excluem os MACHOs como possíveis candidatos à matéria escura [99-104].

- **Partículas massivas de interação fraca (WIMPs).** Atualmente não se conhece nenhuma partícula com as propriedades requeridas, mas muitas extensões do Modelo Padrão da física de partículas prevêem tais partículas. A procura de WIMPs envolve tentativas de deteção direta por detectores altamente sensíveis, bem como tentativas de produção de WIMPs por aceleradores de partículas. Historicamente, as WIMPs eram consideradas um dos candidatos mais promissores para a composição da matéria escura [100-104], mas desde o final da década de 2010, as WIMPs foram substituídas por áxions, uma vez que as WIMPs não podiam ser detectadas em experiências. A experiência DAMA/NaI e a sua sucessora DAMA/LIBRA afirmaram ter detectado diretamente partículas de matéria escura a voar através da Terra, mas muitos cientistas permanecem cépticos, uma vez que nenhum resultado de experiências semelhantes parece ser consistente com as conclusões da DAMA.

4.5. Os desafios

Surgiram várias discrepâncias entre as previsões de matéria escura fria no modelo ΛCDM e as observações de galáxias e seus aglomerados. Foram propostas soluções para alguns destes problemas, mas continua a não ser claro se podem ser resolvidos sem abandonar o modelo ΛCDM [105] .

4.5.1. Problema da auréola cúspide

As distribuições de densidade dos halos de matéria escura em simulações de matéria escura fria (pelo menos as que não têm em conta a influência do feedback bariónico) mostram picos muito mais fortes do que os observados nas curvas de rotação das galáxias [106] .

4.5.2. Problema das galáxias anãs

As simulações de matéria escura fria prevêem um grande número de pequenos halos de matéria escura. Estes são mais numerosos do que o número de pequenas galáxias anãs observadas em torno de galáxias como a Via Láctea. [107] .

4.5.3. Problema com o disco de satélite

Galáxias anãs em torno da Via Láctea e de Andrómeda As galáxias observadas são estruturas finas e planas, enquanto as simulações prevêem uma distribuição aleatória em torno das suas galáxias-mãe [108] .

4.5.4. Problema com a galáxia de alta velocidade

Galáxias no A associação da NGC 3109 está a afastar-se demasiado depressa para ser consistente com as expectativas do modelo ΛCDM [109] . Neste quadro, a NGC 3109 é demasiado massiva e demasiado distante do Grupo Local para ter sido ejectada numa interação de três corpos com a Via Láctea ou a galáxia de Andrómeda [110] .

4.5.5. Problema da morfologia das galáxias

Se as galáxias cresceram hierarquicamente, então as galáxias fixas necessitaram de muitas fusões. Fusões substanciais criam inevitavelmente um bojo clássico. Pelo contrário, cerca de 80% das galáxias observadas não têm tais bojos, e galáxias gigantes de disco puro são comuns [111] . A tensão pode ser quantificada comparando a distribuição atualmente observada das formas das galáxias com as previsões de simulações cosmológicas hidrodinâmicas de alta resolução no quadro do ΛCDM. Isto revela um problema altamente significativo que provavelmente não pode ser resolvido melhorando a resolução das simulações [112] . A elevada fração sem bojos foi quase constante durante 8 mil milhões de anos [113] .

4.5.6. Problema rápido da barra Galaxis

Se as galáxias estivessem embebidas em halos maciços de matéria escura fria, então as barras que frequentemente se formam nas suas regiões centrais seriam abrandadas pela fricção dinâmica com o halo. Isto contradiz o facto de as barras de galáxias observadas serem tipicamente rápidas [114] .

4.5.7. Crise de pequena escala

A comparação do modelo com as observações pode ser feita à escala subgaláctica, prevendo possivelmente demasiadas galáxias anãs e demasiada matéria escura nas regiões mais interiores das galáxias. Este problema é conhecido como a "crise da pequena escala"[115]. [115] Estas pequenas escalas são mais difíceis de resolver em simulações computacionais, pelo que ainda não é claro se o problema reside nas simulações, nas propriedades não-padrão da matéria escura ou num erro mais radical no modelo.

4.5.8. Galáxias com Redshift elevado

As observações do Telescópio Espacial James Webb revelaram várias galáxias confirmadas por espetroscopia a um r e d s h i f t elevado, como a JADES-GS-z13- 0 a um redshift cosmológico de 13,2 [116, 117]. Outras galáxias candidatas que não foram confirmadas por espetroscopia, incluindo a CEERS-93316 a um redshift cosmológico de 16,7, parecem contradizer as taxas de formação de galáxias permitidas no modelo lambda CDM existente através de halos de matéria escura, porque mesmo que a formação de galáxias fosse 100% eficiente e toda a massa no lambda CDM fosse convertida em estrelas, não seria suficiente para produzir galáxias tão grandes [118] . No entanto, isto depende da existência de uma função de massa inicial estelar. Se a formação inicial de estrelas favorecesse estrelas massivas, isso poderia explicar a tensão.

4.6.Objeto escuro e frio desfocado

A matéria escura fria difusa é uma forma hipotética de matéria escura fria proposta para resolver o problema dos picos dos halos. Os halos de matéria escura fria difusa em galáxias anãs exibiriam um comportamento ondulatório em escalas astrofísicas e os picos seriam regidos pelo princípio da incerteza de

Heisenberg [119]. O comportamento ondulatório conduz a padrões de perturbação, a núcleos de solitões esféricos nos centros dos halos de matéria escura e a núcleos cilíndricos semelhantes a solitões nos filamentos de matéria escura da teia cósmica [120-122].

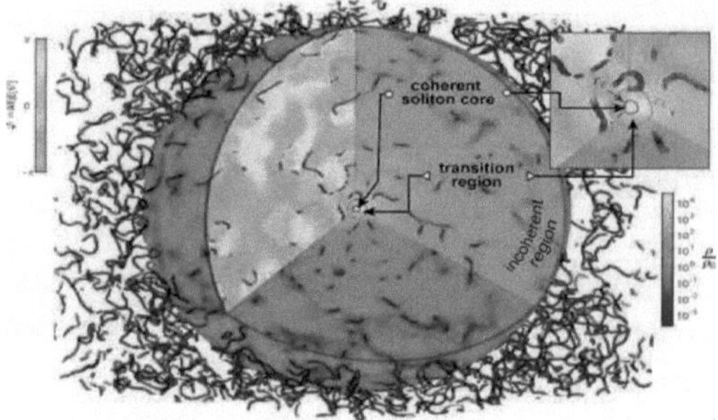

A matéria escura fria difusa é uma fronteira da matéria escura de campo escalar sem auto-interação. É determinada pela equação de Schrödinger-Poisson. Uma nova investigação (2023) encontrou provas de que a matéria escura difusa, especialmente os áxions ultra-leves, pode ser mais adequada aos dados de lentes gravitacionais do que a matéria escura WIMP.

4.7. Objeto escuro meta-frio

A matéria escura meta-fria, também conhecida como mCDM, é uma forma de matéria escura fria proposta para resolver o problema do halo pontiagudo. Consiste em partículas "formadas relativamente tarde no tempo cósmico ($z \lesssim$ 1000) e não-relativisticamente decorrentes do decaimento de partículas frias".

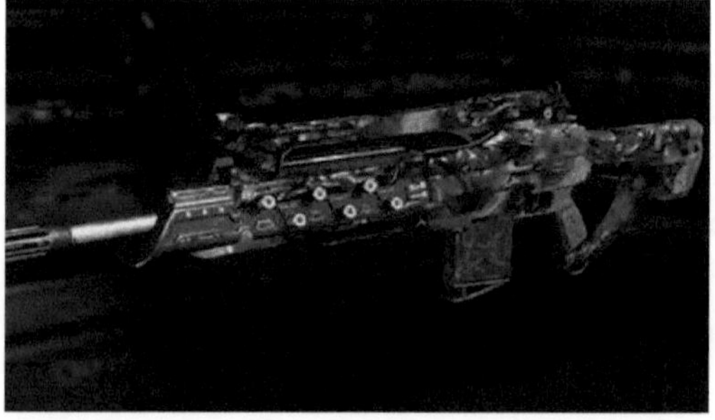

4.8. Objeto escuro auto-interativo

Na astrofísica e na física de partículas, a matéria escura auto-interactiva (SIDM) é uma classe alternativa de partículas de matéria escura que, ao contrário da matéria escura fria habitual, exibe interacções fortes. (CDM). A SIDM foi postulada em 2000 [1] como uma solução para o problema do núcleo de picos. Nos modelos mais simples de auto-interação da DM, um potencial do tipo Yukawa e um portador de força φ medeiam entre duas partículas de matéria escura. Em escalas galácticas, a auto-interação da DM leva a uma troca de energia e momento entre as partículas de DM. Em escalas de tempo cosmológicas, isto leva a núcleos isotérmicos na região central dos halos de matéria escura. A matéria escura auto-interactiva foi também postulada como uma explicação para o sinal de modulação anual da DAMA. Além disso, é demonstrado que actua como um núcleo para buracos negros supermassivos a alto redshift. A SIDM poderia ter origem no chamado "big bang escuro"

CAPÍTULO (5)
QUENTE E FRIO MATÉRIAS ESCURAS

5.1. Matéria escura quente

A matéria escura quente (WDM) é uma forma hipotética de matéria escura cujas propriedades são intermédias entre as da matéria escura quente e da matéria escura fria, em que a formação de estruturas ocorre de baixo para cima acima da sua escala de fluxo livre e de cima para baixo abaixo da sua escala de fluxo livre. Os candidatos mais comuns a WDM são os neutrinos estéreis e os gravitões. As WIMPs (weakly interacting massive particles), que são produzidas de forma não térmica, poderiam ser candidatas a matéria escura quente. Em geral, porém, as WIMPs produzidas termicamente são candidatas a matéria escura fria.

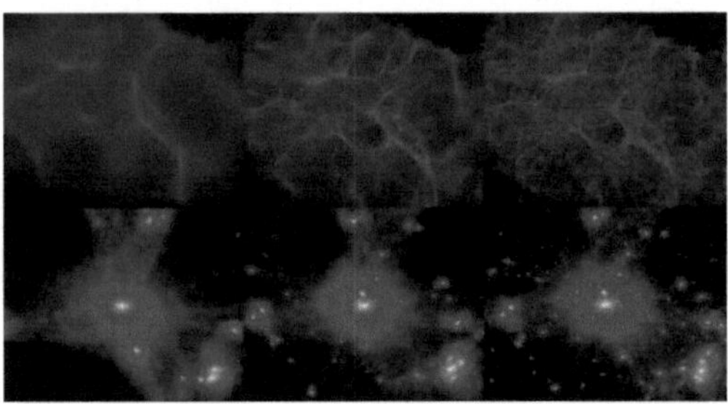

5.1.1. keVince duck GeVins

Um possível candidato a WDM com uma massa de alguns keV vem da introdução de dois novos férmions de carga zero e número de leptões zero no modelo padrão da física de partículas: "férmions inertes de massa keV" (keVins) e "férmions inertes de massa GeV" (GeVins). Os keVins são produzidos em excesso quando atingem o equilíbrio térmico no Universo primitivo, mas em alguns cenários a ação de produção de entropia resultante do decaimento de partículas mais pesadas instáveis pode reduzir a sua abundância para o valor correto. Estas partículas são consideradas "inertes" porque apenas têm interacções suprimidas com o bosão Z. Os neutrinos estéreis com massas de alguns keV são possíveis candidatos a keVins [123, 124]. A temperaturas abaixo da escala electrofraca, as suas únicas interacções com as partículas do Modelo Padrão são interacções fracas devido à sua mistura com neutrinos normais.

Devido à pequenez do ângulo de mistura, não são produzidos em excesso, uma vez que se congelam antes de atingirem o equilíbrio térmico. As suas propriedades são consistentes com os limites astrofísicos resultantes da formação de estruturas e do princípio de Pauli quando a sua massa é superior a 1-8 keV [124, 125].

Em fevereiro de 2014, várias análises [126-128] extraíram do espetro das emissões de raios X emitidas pelo XMM-Newton um sinal monocromático em torno de 3,5 keV. O sinal é proveniente de outros aglomerados de galáxias (como Perseus e Centaurus) e vários cenários de matéria escura quente podem justificar tal linha. Por exemplo, podemos citar um candidato de 3,5 keV que se aniquila em dois fotões [129, 130] , ou uma partícula de matéria escura de 7 keV que decai num fotão e num neutrino [131-133] .

Em novembro de 2019, a análise de A interação de diferentes matérias do halo galáctico Usando a densidade e distribuição de fluxos estelares que emanam dos satélites da Via Láctea, eles foram capazes de restringir as massas mínimas para perturbações de densidade por matéria escura quente (keVin) nos fluxos GD-1 e Pal 5. Este limite inferior para a massa de matéria escura quente (relíquias térmicas) é mWDM > 4,6 keV; ou a adição de satélites anões dá mWDM > 6,3 keV [134-136] .

5.2.Matéria negra fria

O Universo é constituído por, pelo menos, dois tipos de matéria. Em primeiro lugar, existe a matéria que reconhecemos, a que os astrónomos chamam matéria "bariónica". É considerada como matéria "normal" porque é constituída por protões e neutrões, que podem ser medidos. A matéria bariónica inclui as estrelas e as galáxias e todos os objectos que as contêm. Há também "coisas" no Universo que não podem ser detectadas pelos métodos normais de observação. No entanto, existe porque os astrónomos conseguem medir o seu efeito gravitacional na matéria bariónica. Os astrónomos chamam a este material "matéria escura" porque é, bem, escura. Não reflecte nem emite luz. Esta misteriosa forma de matéria apresenta alguns desafios importantes para a compreensão de muitas coisas sobre o Universo, desde o seu início, há cerca de 13,7 mil milhões de anos [137-139].

5.2.1. Candidato Objeto escuro e frio Objectos

Embora nenhuma matéria conhecida preencha todos os critérios da matéria
escura fria, pelo menos três teorias foram avançadas para explicar a MDL (se
existir) [140].

Partículas massivas de fraca interação: Também conhecidas como WIMPs ,
estas partículas, por definição, preenchem todos os requisitos do MDL. No
entanto, a existência de tais partículas nunca foi provada. As WIMPs tornaram-
se o termo coletivo para todos os candidatos a matéria escura fria,
independentemente da razão pela qual a partícula é supostamente criada [141].

Axiões: Estas partículas possuem (pelo menos marginalmente) as propriedades
necessárias da matéria escura, mas por várias razões não são provavelmente a
resposta à questão da matéria escura fria [142-144].

MACHOs: acrónimo de Massive Compact Halo Objects, ou seja, objectos como
buracos negros, velhas estrelas de neutrões, anãs castanhas e objectos
planetários. Todos eles são não luminosos e maciços. Mas devido ao seu
tamanho, tanto em termos de volume como de massa, seriam relativamente
fáceis de detetar através da observação de interacções gravitacionais locais. Há
problemas com a hipótese MACHO. O movimento observado das galáxias, por
exemplo, é uniforme de uma forma que seria difícil de explicar se os MACHOs
fornecessem a massa em falta. Além disso, os enxames de estrelas exigiriam
uma distribuição muito uniforme de tais objectos dentro dos seus limites. Isto
parece muito improvável. Além disso, o número de MACHOs teria de ser
bastante grande para explicar a massa em falta [145-147].
O mistério da matéria negra ainda não tem uma solução óbvia. Os astrónomos
continuam a desenvolver experiências para procurar estas partículas esquivas. Se
descobrirem o que são e como se distribuem pelo Universo, terão aberto mais
um capítulo na nossa compreensão do cosmos [148-150].

CAPÍTULO (6)
CONCLUSÕES

NASA A sonda Wilkinson Microwave Anisotropy Probe (WMAP) representou um verdadeiro ponto de viragem na busca da humanidade para compreender o cosmos quando calculou a idade do universo e mapeou a curvatura do espaço. Também mapeou a radiação cósmica de fundo em micro-ondas e, numa reviravolta chocante, revelou que os átomos constituem apenas 4,6% do Universo. O resto do Universo está longe de estar vazio. A matéria negra constitui 23,3 por cento do cosmos e a energia negra preenche 72,1 por cento. O WMAP foi lançado em 2001, mas o problema da energia escura surgiu mais cedo - logo em 1998, quando o Telescópio Espacial Hubble observou três supernovas muito estranhas. A mais distante destas explosões cósmicas ocorreu há 7,7 mil milhões de anos, mais de metade do tempo do próprio Big Bang. Este vislumbre do cosmos antigo revelou que a expansão do Universo não estava a abrandar, mas sim a acelerar. Esta rápida expansão espantou os astrónomos, a maioria dos quais tinha assumido, antes desta revelação, que a expansão tinha abrandado ao longo do tempo devido à gravidade. Os cientistas atribuem esta expansão acelerada à energia escura, assim chamada porque a sua natureza exacta permanece um mistério. No entanto, algo deve preencher a vastidão do espaço para explicar a expansão acelerada. A teoria da constante cosmológica de Einstein está associada a outro conceito curioso: A energia do vácuo. A energia do vácuo consiste no espaço vazio e é considerada o principal fator da expansão acelerada do Universo. Dado que a densidade da energia de vácuo é tão semelhante na natureza, é frequentemente referida como sinónimo de energia escura. Outra teoria, que foi parcialmente refutada, define a energia escura como um novo tipo de matéria. Esta substância, chamada "quintessência", encheria o universo como um líquido e teria uma massa gravitacional negativa. Outras teorias incluem a possibilidade de a energia negra não ocorrer de forma uniforme ou de a nossa atual teoria da gravidade estar errada. A matéria escura, em comparação, é muito melhor compreendida. Não irradia nem reflecte luz, mas os cientistas podem estimar a sua localização com base nos seus efeitos gravitacionais sobre a matéria circundante. Os cientistas fazem-no usando uma técnica chamada efeito de lente gravitacional, onde observam como a atração gravitacional da matéria escura dobra e distorce a luz de galáxias distantes. Estas observações excluem estrelas, antimatéria, nuvens negras ou qualquer forma de matéria normal. Alguns cientistas consideram os buracos negros supermassivos como potenciais candidatos à matéria escura, enquanto outros preferem os MACHOs (objectos maciços e compactos do halo) e as WIMPs (partículas maciças de interação fraca).

CAPÍTULO (7)
REFERÊNCIAS

[1]. P. Kroupa, B. Famaey, KS de Boer, J. Dabringhausen, M. Pawlowski, CM Boily, H. Jerjen, D. Forbes, G. Hensler, M. Metz, "Local group tests of dark matter concordance cosmology. Towards a new paradigm for structure formation" A&A 523, 32 (2010).

[2]. Petit, JP; D'Agostini, G. (01.07.2018). "Restrições ao modelo cosmológico de Janus com base em observações recentes de supernovas tipo Ia". Astrofísica e Ciências do Espaço. 363 (7): 139.

[3]. Pandey, Kanhaiya L.; Karwal, Tanvi; Das, Subinoy (21 de outubro de 2019). "Paliação de anomalias H0 e S8 com um modelo de matéria escura em decomposição". Jornal de Cosmologia e Física de Astropartículas. arXiv: 1902.10636.

[4]. Publicações da Sociedade Astronómica da Austrália. 21 (1): 97-109. arXiv:astro-ph/0310808. bibcode:2004PASA...21...97D. ISSN 1323-3580.

[5]. Colaboração DES (2018).

"Primeiros resultados cosmológicos utilizando parâmetros cosmológicos de supernovas". The Astrophysical Journal. 872 (2): L30. arXiv:1811.02374. bibcode:2019ApJ...872L..30A.

[6]. Colaboração Planck (2020). "Resultados do Planck 2018. VI. Parâmetros cosmológicos". Astronomia e Astrofísica. 641: A6.arXiv:1807.06209. bibcode:2020A&A...641A...6P.

[7]. Bertone, Gianfranco; Hooper, Dan (15 de outubro de 2018). "História da matéria escura".

Reviews of Modern Physics. 90 (4): 045002. arXiv:1605.04909. Bibcode:2018RvMP...90d5002B.

[8]. Tanabashi, M.; et al. (Grupo de Dados sobre Partículas) (2019).

"Constantes e parâmetros astrofísicos" (PDF). Verificação física

D. 98 (3). Grupo de dados de partículas: 030001. bibcode:2018PhRvD..98c0001T.

Recuperado em 08/03/2020.

[9]. Persic, Massimo; Salucci, P. (1992). "O conteúdo bariónico do universo".

Avisos mensais da Sociedade Astronómica Real. 258 (1): 14P-18P. arXiv:astro-ph/0502178. bibcode:1992MNRAS.258P..14P.

[10]. Dodelson, Scott (2008). Modern Cosmology (4ª ed.). San Diego, CA: Academic Press.

[11]. Frieman, Joshua A.; Turner, Michael S.; Huterer, Dragan (2008). "Energia escura e o universo em aceleração". Revisão Anual de Astronomia e Astrofísica. 46 (1): 385-432. arXiv:0803.0982.

[12]. Elcio Abdalla; Guillermo Franco Abellán; et al. (11 de março de 2022). "Cosmologia entrelaçada: uma revisão da física de partículas, astrofísica e cosmologia no contexto de tensões e anomalias cosmológicas". Journal of High Energy Astrophysics. 34: 49.

[13]. Matthew Chalmers (2 de julho de 2021).

"Exploração da voltagem do Hubble". Correio do CERN. Recuperado em 25 de março de 2022 [14]. Kovac, JM; Leitch, EM; Pryke, C.; Carlstrom, JE; Halverson, NW;

Holzapfel, WL (2002).

"Deteção de polarização no fundo cósmico de micro-ondas com DASI". Nature. 420 (6917): 772-787. arXiv:astro-ph/0209478.

[15]. Colaboração Planck (2016).

"Resultados do Planck 2015. XIII Parâmetros cosmológicos". Astronomia e Astrofísica. 594 (13): A13. arXiv:1502.01589.

[16]. Andrew Liddle. Uma introdução à cosmologia moderna (2ª edição). Londres: Wiley, 2003.

[17]. Steven Weinberg (1972). Gravitação e Cosmologia: Princípios e Aplicações da Relatividade Geral. John Wiley & Sons, Inc. ISBN 978-0-471-92567-5.

[18]. Jacques Colin; Roya Mohayaee; Mohamed Rameez; Subir Sarkar (20 de novembro de 2019). "Evidência de anisotropia de aceleração cósmica". Astronomia e Astrofísica. 631: L13. arXiv: 1808.04597. bibcode: 2019A&A ... 631L..13C.Recuperado em 25 de março de 2022.

[19]. Krishnan, Chethan; Mohayaee, Roya; Colgáin, Eoin Ó; Sheikh-Jabbari, MM; Yin, Lu (16 de setembro de 2021). "A tensão do Hubble sinaliza um colapso na cosmologia FLRW?". Gravidade Clássica e Quântica. 38 (18): 184001. arXiv: 2105.09790. bibcode: 2021CQGra..38r4001K. ISSN 0264-

9381.

[20]. Asta Heinesen; Hayley J. Macpherson (15 de julho de 2021). "Distância de luminosidade e estudo de relatividade numérica anisotrópica". Physical Review D. 104 (2): 023525. recuperado em 25 de março de 2022.

[21]. Ellis, GFR (2009). "Energia negra e inomogeneidade". Jornal de Física: Série de Conferências. 189 (1): 012011. bibcode:2009JPhCS.189a2011E. S2CID 250670331.

[22]. Migkas, K.; et al. (2020). "Investigando a isotropia cósmica com uma nova relação de escala LX-T para galáxias de raios-X". Astronomia e Astrofísica. 636 (abril de 2020): 42. Recuperado em 24 de março de 2022.

[23]. Nathan J. Geheim; et al (2021).

"Um teste do princípio cosmológico com quasares". The Astrophysical Journal Letters. 908 (2): L51. arXiv:2009.14826.

[24]. B. Javanmardi; C. Porciani; P. Kroupa; J. Pflamm-Altenburg (2015). "Investigando a isotropia da aceleração cósmica por supernovas". 810 (1): 47. Recuperado em 24 de março de 2022.

[25]. "Simples mas sofisticado: o universo segundo Planck".

ESA Science & Technology. 5 de outubro de 2016 [21 de março de 2013].

Recuperado em 29 de outubro de 2016.

[26]. Dennis Sciama (12 de junho de 1967).

"Velocidade peculiar do Sol e o fundo cósmico de micro-ondas". Physical Review Letters. 18 (24): 1065-1067. acedido em 25 de março de 2022.

[27]. GFR Ellis; JE Baldwin (1 de janeiro de 1984).

"Sobre a anisotropia esperada das contagens de fontes de rádio". Monthly Notices of the Royal Astronomical Society (Avisos mensais da Real Sociedade Astronómica). 206 (2): 377-381. acedido em 25 de março de 2022.

[28]. Siewert, Thilo M.; Schmidt-Rubart, Matthias; Schwarz, Dominik J. (2021). "Radiodipolo cósmico: estimadores e dependência de frequência". Astronomia e Astrofísica. 653: A9. arXiv: 2010.08366.

[29]. Secrest, Nathan; von Hausegger, Sebastian; Rameez, Mohamed; Mohayaee, Roya; Sarkar, Subir; Colin, Jacques (25 de fevereiro de 2021).

"Um teste ao princípio cosmológico com quasares". The Astrophysical Journal. 908 (2): L51. arXiv:2009.14826.

[30].   Singal, Ashok K. (2022). "Movimento peculiar do sistema solar a partir do diagrama de Hubble da Supernova Ia e suas implicações para a cosmologia". Avisos mensais da Royal Astronomical Society. 515 (4): 5969-5980.

[31].   Singal, Ashok K. (2022). "Movimento adequado do sistema solar a partir do diagrama Hubble de quasares e teste do princípio cosmológico". Aviso mensal da Royal Astronomical Society. 511 (2): 1819-1829.

[32].   de Oliveira-Costa, Angelica; Tegmark, Max; Zaldarriaga, Matias; Hamilton, Andrew (25 de março de 2004). "A importância das maiores flutuações do CMB no WMAP". Physical Review D. 69 (6): 063516.

[33].   Land, Kate; Magueijo, João (28 de novembro de 2005). "O universo é estranho?".

In: Physical Review D. 72 (10): 101302.

[34].   Kim, Jaiseung; Naselsky, Pavel (10 de maio de 2010). "Assimetria anómala de paridade dos dados do espetro de potência da sonda de anisotropia de micro-ondas de Wilkinson em multipolos baixos". The Astrophysical Journal. 714 (2): L265-L267.

[35].   Hutsemekers, D.; Cabanac, R.; Lamy, H.; Sluse, D. (outubro de 2005). "Mapeamento de alinhamentos em escala extrema de vectores de polarização de quasares". Astronomia e Astrofísica. 441 (3): 915-930.

[36].   Migkas, K.; Schellenberger, G.; Reiprich, TH; Pacaud, F.; Ramos-Ceja, ME; Lovisari, L. (abril de 2020). "Investigando a isotropia cósmica com uma nova amostra de aglomerado de galáxias de raios-X por meio da relação de escala". Astronomia e Astrofísica. 636: A15.

[37].   Energia Escura, Cosmos, Swinburne, [acedido em 17/11/22]. [https://astronomy.swin.edu.au/cosmos/d/Dark+Energy#:~:text=Dark%20Energy% 20is%20a%20hypothetical,an%20accelerated%20period%20of%20expansion].
[38].Dark energy, dark matter, NASA Science, [acedido em 17.11.22]

[https://science.nasa.gov/astrophysics/focus-areas/what-is-dark- energy] [39]. How to solve a problem like dark energy, NASA, [acedido em

17.11.22],

[https://nasa.tumblr.com/post/187688377474/how-do-like-dark-energy] [39]. Lea. R., A new generation takes on the cosmological constant, Physik

Mundo, [2021],

[https://physicsworld.com/a/a-new-generation--cosmological-constant/]

[40].Hubble team breaks cosmic distance record, HubbleSite, março de 2016,

[acedido em 17/11/22],

[http://hubblesite.org/newscenter/archive/releases/2016/07/fastfacts/]

[41].   Siegal. E., Ask Ethan: How fast is space expanding?, Starts with a bang,

BigThink, [2022], https://bigthink.com/starts-bang/fast-space-expanding/ [42]. Jones. MH, Lambourne. RJA, Serjeant. S., An introduction to galaxies

and Cosmology, Universidade de Cambridge, [2015], ISBN 978 1 107 49261 [43]. Migkas, K.; Pacaud, F.; Schellenberger, G.; Erler, J.; Nguyen-Dang, NT;

Reiprich, TH; Ramos-Ceja, ME; Lovisari, L. (maio de 2021). "Implicações cosmológicas da anisotropia de dez relações de escala de aglomerados de galáxias". Astronomia e Astrofísica. 649: A151. arXiv: 2103.13904.

[44].   Krishnan, Chethan; Mohayaee, Roya; Colgáin, Eoin Ó; Sheikh-Jabbari, MM; Yin, Lu (2022). "Evidência de colapso FLRW de supernovas".

In: Physical Review D. 105 (6): 063514.

[45].   Luongo, Orlando; Muccino, Marco; Colgáin, Eoin Ó; Sheikh-Jabbari, MM; Yin, Lu (2022). "Valores maiores de H0 na direção do dipolo CMB".

In: Physical Review D. 105 (10): 103510.

[46].   Saadeh D, Feeney SM, Pontzen A, Peiris HV, McEwen, JD (2016). "Quão isotrópico é o universo?". Physical Review Letters. 117 (13): 131302.

[47].   Yadav, Jaswant; JS Bagla; Nishikanta Khandai (25 de fevereiro de 2010). "Dimensão fractal como medida da escala de homogeneidade". Avisos mensais da Royal Astronomical Society. 405 (3): 2009-2015.

[48].   Gott, J. Richard III; et al. (maio de 2005). "Um mapa do universo". The Astrophysical Journal. 624 (2): 463-484. arXiv:astro-ph/0310571.

[49].   Horvath, I.; Hakkila, J.; Bagoly, Z. (2013). "A maior estrutura do universo definida por explosões de raios gama". arXiv: 1311.1104 [astro-ph.CO].

[50].   "A linha das galáxias é tão grande que destrói a nossa compreensão do universo". [51].Nadathur, Seshadri (2013). "Recognising patterns in the noise: Escala de gigaparsec

"Estruturas" que não violam a homogeneidade". Monthly Notices of the Royal Astronomical Society. 434 (1): 398-406. arXiv:1306.1700.

[52]. ^ Asencio, E; Banik, I; Kroupa, P (21/02/2021).

"Um grande golpe para ΛCDM - o alto redshift, massa e cosmologia". Avisos mensais da Sociedade Astronómica Real. 500 (2): 5249-5267.

[53]. ^ Asencio, E; Banik, I; Kroupa, P (10/09/2023).

"Um grande golpe para ΛCDM - o alto redshift, massa e cosmologia". O Jornal Astrofísico. 954 (2): 162. arXiv:2308.00744.

[54]. Katz, H; McGaugh, S; Teuben, P; Angus, GW (20/07/2013). "Fluxos de massa e velocidades de colisão de aglomerados de galáxias em QUMOND". O Jornal Astrofísico. 772 (1): 10.

[55].Keenan, Ryan C.; Barger, Amy J.; Cowie, Lennox L. (2013)

"Evidência de uma subdensidade na gama de ~300 Mpc na distribuição local". The Astrophysical Journal. 775 (1): 62.

[56]. Siegel, Ethan.

"Estamos muito abaixo da média! Os astrónomos falam de um grande vazio cósmico no leite." Forbes. Recuperado em 09/06/2017.

[57]. Haslbauer, M; Banik, I; Kroupa, P (2020-12-21).

"O vazio da KBC e a dinâmica da tensão de Hubble como uma possível solução". Monthly Notices of the Royal Astronomical Society. 499 (2): 2845-2883.

[58]. Sahlén, Martin; Zubeldía, Íñigo; Silk, Joseph (2016).

"Quebrando a degenerescência do aglomerado-vazio: energia escura, Planck, aglomerado-vazio". The Astrophysical Journal Letters. 820 (1): L7.

[59]. di Valentino, Eleonora; Mena, Olga; Pan, Supriya; et al. (2021). "Na faixa de tensão do Hubble - uma visão geral das soluções".

Gravidade clássica e quântica. 38 (15): 153001.

[60]. Mann, Adam (26 de agosto de 2019).

"Um número mostra algo. Esta luta tem implicações universais" . Ciência Viva . Recuperado em 26 de agosto de 2019.

[61]. Gresko, Michael (17 de dezembro de 2021).

"O universo está a expandir-se mais depressa do que deveria". nationalgeographic.com. National Geographic. Arquivado em 17 de dezembro de 2021. Recuperado em 21 de dezembro de 2021.

[62]. Shanks, T; Hogarth, LM; Metcalfe, N (21 de março de 2019).

"Paralaxes de Gaia-Cefectóides e 'buraco local' aliviam a tensão H 0". Monthly

Notices of the Royal Astronomical Society: Letters. 484 (1): L64-L68.

[63]. Kenworthy, W. D'Arcy; Scolnic, Dan; Riess, Adam (24 de abril de 2019).

"A Perspetiva Local sobre a Tensão de Hubble: Constante de Hubble Local".
The Astrophysical Journal. 875 (2): 145.

[64]. Poulin, Vivian; Smith, Tristan L.; Karwal, Tanvi; Kamionkowski, Marc
(04/06/2019).

"A energia escura inicial pode resolver a tensão de Hubble". Physical Review
Letters. 122 (22): 221301.

[65]. Colaboração Planck; Aghanim, N.; Akrami, Y.; Ashdown, M.; Aumont,
J.; Baccigalupi, C.; Ballardini, M.; Banday, AJ; Barreiro, RB; Bartolo, N.;
Basak, S.; Battye, R.; Benabed, K.; Bernard, J.-P.; Bersanelli, M. (setembro de
2020). "Resultados do Planck 2018: VI Parâmetros cosmológicos (Corrigenda)".
Astronomia e Astrofísica. 652: C4.

[66]. Heymans, Catherine; Tröster, Tilman; Asgari, Marika; Blake, Chris;
Hildebrandt, Hendrik; Joachimi, Benjamin; Kuijken, Konrad; Lin, Chieh- An;
Sánchez, Ariel G.; van den Busch, Jan Luca; Wright, Angus H.; Amon,
Alexandra; Bilicki, Maciej; de Jong, Jelte; Crocce, Martin (fevereiro de 2021).
"Cosmologia KiDS-1000: restrições de aglomerados de galáxias fracas de várias
sondas". Astronomia e Astrofísica. 646: A140.

[67]. Wood, Charlie (8 de setembro de 2020).

"Uma nova tensão cósmica: o universo pode ser demasiado fino" Revista
Quanta.

[68]. Abbott, TMC; Aguena, M.; Alarcon, A.; Allam, S.; Alves, O.; Amon, A.;
Andrade-Oliveira, F.; Annis, J.; Avila, S.; Bacon, D.; Baxter, E.; Bechtol, K.;
Becker, MR; Bernstein, GM; Bhargava, S. (2021).

"Resultados do ano do Dark Energy Survey: Efeitos de lentes fracas no
agrupamento cosmológico". Physical Review D. 105 (2): 023520.

[69]. Dark Energy Survey; Kilo-Degree Survey Collaboration; Abbott, TMC;
Aguena, M.; Alarcon, A.; Alves, O.; Amon, A.; Andrade-Oliveira, F.; Asgari,
M.; Avila, S.; Bacon, D.; Bechtol, K.; Becker, MR; Bernstein, GM; Bertin, E.
(2023-10-20).

"DES Y3 + KiDS-1000: Cosmologia consistente através da combinação de
estudos cósmicos". Jornal Aberto de Astrofísica. 6: 36.

[70]. Li, Xiangchong; Zhang, Tianqing; Sugiyama, Sunao; Dalal, Roohi;

Terasawa, Ryo; Rau, Markus M.; Mandelbaum, Rachel; Takada, Masahiro; More, Surhud; Strauss, Michael A.; Miyatake, Hironao; Shirasaki, Masato; Hamana, Takashi; Oguri, Masamune; Luo, Wentao (11.12.2023).

"Resultados do ano 3 da Hyper Suprime-Cam: Funções de correlação da cosmologia". Physical Review D. 108 (12): 123518.

[71]. Dalal, Roohi; Li, Xiangchong; Nicola, Andrina; Zuntz, Joe; Strauss, Michael A.; Sugiyama, Sunao; Zhang, Tianqing; Rau, Markus M.; Mandelbaum, Rachel; Takada, Masahiro; More, Surhud; Miyatake, Hironao; Kannawadi, Arun; Shirasaki, Masato; Taniguch, Takanori (2023). "Resultados do ano 3 da Hyper suprime-cam: Cosmologia de espectros cósmicos". Physical Review D. 108 (12): 123519.

[72]. Yoon, Mijin (11.12.2023).

"Inconsistências ocorrem novamente em observações cosmológicas". Physics. 16 (12): 193.

[73]. Kruesi, Liz (19 de janeiro de 2024).

"Números cósmicos em colisão desafiam a nossa melhor teoria do universo" Revista Quanta.

[74]. Ghirardini, V.; Bulbul, E.; Artis, E.; Clerc, N.; Garrel, C.; Grandis, S.; Kluge, M.; Liu, A.; Bahar, YE; Balzer, F.; Chiu, I.; Comparat, J.; Gruen, D.; Kleinebreil, F.; Krippendorf, S. (fevereiro de 2024). "O levantamento de todo o céu SRG / eROSITA: restrições cosmológicas da abundância de aglomerados de galáxias no hemisfério galáctico ocidental". arXiv: 2402.08458 [astro-ph.CO].

[75]. Kruesi, Liz (4 de março de 2024).

"Novos raios X revelam um universo tão irregular como a cosmologia prevê". Revista Quanta.

[76]. Said, Khaled; Colless, Matthew; Magoulas, Christina; Lucey, John R; Hudson, Michael J (01/09/2020).

"Análise conjunta da estrutura peculiar do 6dFGS e do SDSS e testes de gravidade". Monthly Notices of the Royal Astronomical Society. 497 (1): 1275-1293.

[77]. Boruah, Supranta S; Hudson, Michael J; Lavaux, Guilhem (21/09/2020). "Correntes cósmicas no Universo próximo: novas restrições cosmológicas". Avisos mensais da Royal Astronomical Society. 498 (2): 2703-2718.

[78]. ^ "Maria, Antonio" (em italiano). Perivolaropoulos, Leandros (2013).

"Eixo de assimetria da temperatura máxima da CMB: assimetrias cósmicas". Physical Review D. 87 (4): 043511.

[79]. Shamir, Lior (27 de maio de 2020).

"Multipole alignment in the large-scale distribution of spin galaxies". arXiv:2004.02963 [astro-ph.GA].

[80]. Starr, Michelle (2 de junho de 2020).

"Padrões formados por galáxias em espiral sugerem que o Universo é completamente aleatório" . ScienceAlert. Recuperado em 13/10/2020.

[81]. Dudas, Emilian; Heurtier, Lucien; Mambrini, Yann (04/08/2014). "Geração de linhas de raios X por aniquilação de matéria escura". Physical Review

D. 90 (3): 035002.

[82]. Ishida, Hiroyuki; Jeong, Kwang Sik; Takahashi, Fuminobu (2014). "Matéria escura de neutrino estéril de 7 keV do mecanismo de sabor dividido".

Physics Letters B. 732: 196-200. arXiv:1402.5837.

^ "The Scientific Journal of Anthropology and Anthropology: An Introduction to the Scientific Journal of Anthropology and Anthropology".

[83]. Banik, Nilianjan; Bovy, Jo; Bertone, Gianfranco; Erkal, Denis; de Boer,^ "TJL (2021)".

"Novas restrições sobre a natureza das partículas da matéria escura a partir de fluxos estelares". Journal of Cosmology and Astroparticle Physics. 2021 (10): 043.

[84]. Viel, Matteo; ^ Schröder, Gerhard; Haehnelt, Martin G.; ^ Schröder, Christian; Riotto, Antonio (31/03/2005).

"Constrangendo os candidatos a matéria escura quente WMAP e Lyman-αforest". Physical Review D. 71 (6): 063434. arXiv:astro-ph/0501562.

[85]. King, Stephen F; Merle, Alexander (2012-08-16).

"Matéria escura quente a partir de keVins". Journal of Cosmology and Astroparticle Physics. 2012 (8): 016.

[86]. Gao, L.; Theuns, T. (14/09/2007).

"Iluminando o universo com filamentos". Science. 317 (5844): 1527-1530. [87]. Lin, WB; Huang, DH; Zhang, X.; Brandenberger, R. (05/02/2001).

"Produção não térmica de partículas massivas de interação fraca e a estrutura subgaláctica do universo". Physical Review Letters. 86 (6): 954-957.

[88]. Millis, John. Matéria escura quente. About.com. Acedido em 23 de janeiro de 2013. http://space.about.com/od/astronomydictionary/g/Warm-Dark-Matter.htm.

[89]. Bulbul, Esra; Markevitch, Maxim; Foster, Adam; Smith, Randall K.; Loewenstein, Michael; Randall, Scott W. (10/06/2014).

"Deteção do espetro de raios X de emissão não identificada de aglomerados de galáxias". The Astrophysical Journal. 789 (1): 13.

[90]. Boyarsky, A.; Ruchayskiy, O.; Iakubovskyi, D.; Franse, J. (15 de dezembro de 2014). "Linha desconhecida em espectros de raios-X de um aglomerado de galáxias Perseus". Physical Review Letters. 113 (25): 251301.

[91]. Peebles, PJE (dezembro de 1982).

"Perturbações primordiais de fundo em grande escala, invariantes em termos de temperatura". The Astrophysical Journal. 263: L.

[92]. Bond, JR; Szalay, AS; Turner, MS (1982).

"Formação de galáxias num universo dominado por gravitinos". Physical Review Letters. 48 (23): 1636-1639.

[93]. Blumenthal, George R.; Pagels, Heinz; Primack, Joel R. (1982). "Formação de galáxias por partículas sem dissipação mais pesadas que os neutrinos". Nature. 299 (5878): 37-38.

[94]. Blumenthal, GR; Faber, SM; Primack, JR; Rees, MJ (1984). "Formação de galáxias e estruturas de matéria escura fria em grande escala". Nature. 311 (517): 517-525.

[95]. Battinelli, P.; S. Demers (06.10.2005).

"A população de estrelas C de DDO 190: 1. Introdução". Astronomia e Astrofísica. 447 (2). Astronomia e Astrofísica: 473. Arquivado em 2012-08-15. acedido em 19/08/2012. .

[96]. Turner, M.; et al. (2010). "Workshop Axions 2010". Gainesville, EUA: U. Florida.

[97]. Schröder, Gerhard; et al. (2008). "Cosmologia do axónio". Lecture. Notes Phys.

Vol. 741. pp. 19-50.

[98]. Francesca Chadha-Day; John Ellis; David JE Marsh (23 de fevereiro de

2022). "Matéria escura Axion: o que é e por que agora?". Ciência avança. 8 (8),.

[99]. Carr, BJ; et al.

"Novas restrições cosmológicas sobre os buracos negros primordiais". Revista Physical Review

D. 81 (10): 104019.

[100]. Peter, AHG (2012). "Matéria escura: uma breve visão geral". arXiv: 1201.3942 [astro-ph.CO].

[101]. Bertone, Gianfranco; Hooper, Dan; Silk, Joseph (janeiro de 2005). "Matéria escura de partículas: evidências, candidatos e restrições". Physics Reports. 405 (5-6): 279-390.

[102]. Garrett, Katherine; Duda, Gintaras (2011).

"Matéria Negra: Uma Introdução". Progresso em Astronomia. 2011: 968283.
[103]. Bertone, Gianfranco (18 de novembro de 2010).

"O momento da verdade para a matéria escura WIMP" (PDF). Nature. 468 (7322): 389-393.

[104]. Oliveira, Keith A. (2003). "Palestras TASI sobre matéria negra". Physics. 54:

21. arXiv:astro-ph/0301505. bibcode:2003astro.ph..1505O. [105]. Kroupa, P.; Famaey, B.; de Boer, Klaas S.; Dabringhausen, Joerg;

Pawlowski, Marcel; Boily, Christian; Jerjen, Helmut; Forbes, Duncan; Hensler, Gerhard (2010). "Testes de grupo local da cosmologia de concordância da matéria escura: rumo a um novo paradigma para a formação de estruturas". Astronomia e Astrofísica. 523: 32-54.

[106]. Gentile, G.; Salucci, P. (2004).

"A distribuição nuclear da matéria escura em galáxias espirais". Monthly Notices of the Royal Astronomical Society. 351 (3): 903-922.

[107]. Klypin, Anatoly; Kravtsov, Andrey V.; Valenzuela, Octavio; Prada, Francisco (1999).

"Onde estão os satélites galácticos desaparecidos?". Astrophysical Journal. 522 (1): 82-92. arXiv:astro-ph/9901240.

[108]. Pawlowski, Marcel; et al. (2014). "As estruturas das galáxias satélites coorbitais ainda estão em conflito com a distribuição das galáxias anãs primordiais". Avisos mensais da Royal Astronomical Society. 442 (3): 2362-2380.

[109]. Banik, Indranil; Zhao, H (21 de janeiro de 2018).

"Um plano de galáxias de alta velocidade acima do Grupo Local". Monthly Notices of the Royal Astronomical Society. 473 (3): 4033-4054.

[110]. Banik, Indranil; Haslbauer, Moritz; Pawlowski, Marcel S.; Famaey, Benoit; Kroupa, Pavel (21/06/2021).

"Sobre a ausência de análogos de backsplash na estrutura NGC 3109 ΛCDM". Avisos mensais da Royal Astronomical Society. 503 (4): 6170-6186.

[111]. Kormendy, J.; Drory, N.; Bender, R.; Cornell, ME (2010).

"Galáxias gigantes sem barriga desafiam a nossa imagem de agrupamento hierárquico". The Astrophysical Journal. 723 (1): 54-80.

[112]. Haslbauer, M; Banik, I; Kroupa, P; Wittenburg, N; Javanmardi, B (2022-02- 01). "Galáxias de disco fino com alta fração representam desafios para a cosmologia ΛCDM".

The Astrophysical Journal. 925 (2): 183.

[113]. Sachdeva, S.; Saha, K. (2016).

"Sobrevivência de galáxias de disco puro nos últimos 8 mil milhões de anos". The Astrophysical Journal Letters. 820 (1): L4.

[114]. Mahmood, R; Ghafourian, N; Kashfi, T; Banik, I; Haslbauer, M; Cuomo, V; Famaey, B; Kroupa, P (01/11/2021).

"As barras de galáxias rápidas continuam a representar um desafio para a cosmologia padrão".

Monthly Notices of the Royal Astronomical Society. 508 (1): 926-939. [115]. Rini, Matteo (2017). "Resumo: Enfrentando a crise em pequena escala".

In: Physical Review D. 95 (12): 121302.

[116]. Cesari, Tadeu (9 de dezembro de 2022).

"O Webb da NASA atinge um novo marco na busca por galáxias distantes" . Recuperado em 9 de dezembro de 2022.

[117]. Curtis-Lake, Emma; et al. (27 de fevereiro de 2023).

"Confirmação espectroscópica de quatro galáxias pobres em metal a z=10.3-13.2". [118]. O'Callaghan, Jonathan (6 de dezembro de 2022).

"Astrónomos debatem-se com a descoberta de galáxias antigas pelo JWST" . Scientific American . Recuperado em 10 de dezembro de 2022.

[119]. Behroozi, Peter; Conroy, Charlie; Wechsler, Risa H.; Hearin, Andrew;

Williams, Christina C.; Moster, Benjamin P.; Yung, LY Aaron; Somerville, Rachel S.; Gottlöber, Stefan; Yepes, Gustavo; Endsley, Ryan (dezembro de 2020). "O Universo em z> 10: Previsões para JWST do UNIVERSEMACHINE DR1". Avisos mensais da Royal Astronomical Society. 499 (4): 5702-5718.

[120]. Volker Springel; Lars Hernquist (fevereiro de 2003).

"A história da formação de estrelas num Λ-universo de matéria escura fria". Avisos Mensais da Sociedade Astronómica Real. 339 (2): 312-334.

[121]. "A energia do espaço vazio que não é zero". www.edge.org. 07.05.2006. Recuperado em 05.08.2018.

[122]. Campos, BD (2011). "O problema primordial do lítio".

Revisão anual da ciência nuclear e das partículas. 61 (1): 47-68.

[123]. Eleonora Di Valentino; Andrea Cesare; ^ Joseph Silk (4 de novembro de 2019).

"Planck prova a existência de um universo fechado e uma possível crise cosmológica". Nature Astronomy. 4 (2): 196-203, recuperado em 24 de março de 2022.

[124]. Philip Bull; Marc Kamionkowski (15 de abril de 2013).

"E se o universo de Planck não fosse plano?" Physical Review D. 87 (3): 081301. acedido em 24 de março de 2022.

[125]. Chae, Kyu-Hyun; Lelli, Federico; Desmond, Harry; McGaugh, Stacy S.; Li, Pengfei; Schombert, James M. (2020).

"Teste do princípio da equivalência forte: galáxias suportadas rotacionalmente". The Astrophysical Journal. 904 (1): 51.

[126]. Anjape, Aseem; Sheth, Ravi K (04/10/2022).

"Fenomenologia do efeito de campo externo em modelos de matéria escura fria". Monthly Notices of the Royal Astronomical Society. 517 (1): 130-139.

[127]. Freundlich, Jonathan; Famaey, Benoit; Oria, Pierre-Antoine; Bílek, Michal; Müller, Oliver; Ibata, Rodrigo (01/02/2022).

"Investigação da relação de aceleração radial e galáxias ultra-difusas fortes". Astronomia e Astrofísica. 658: A26.

[128]. Kroupa, P.; Famaey, B.; de Boer, Klaas S.; Dabringhausen, Joerg; Pawlowski, Marcel; Boily, Christian; Jerjen, Helmut; Forbes, Duncan; Hensler, Gerhard (2010).

"Testes de grupos locais para a formação da estrutura de concordância da matéria escura". Astronomia e Astrofísica. 523: 32-54.

[129]. Gentile, G.; Salucci, P. (2004).

"A distribuição nuclear da matéria escura em galáxias espirais". Monthly Notices of the Royal Astronomical Society. 351 (3): 903-922.

[130]. Klypin, Anatoly; Kravtsov, Andrey V.; Valenzuela, Octavio; Prada, Francisco (1999).

"Onde estão os satélites galácticos desaparecidos?". Astrophysical Journal. 522 (1): 82-92.

[131]. Pawlowski, Marcel; et al. (2014).

"As estruturas das galáxias satélites coorbitais ainda estão em conflito com a distribuição das galáxias anãs primordiais". Monthly Notices of the Royal Astronomical Society. 442 (3): 2362-2380.

[132]. Sawala, Till; Cautun, Marius; Frenk, Carlos;

"O plano satélite da Via Láctea: em harmonia com o ΛCDM".

7 (4): 481-491.

[133]. Banik, Indranil; Zhao, H (21 de janeiro de 2018).

"Um plano de galáxias de alta velocidade acima do Grupo Local".

Monthly Notices of the Royal Astronomical Society. 473 (3): 4033-4054. [134]. Banik, Indranil; Haslbauer, Moritz; Pawlowski, Marcel S.; Famaey, Benoit;

Kroupa, Pavel (21/06/2021).

"Sobre a ausência de análogos de backsplash na estrutura NGC 3109 ΛCDM". Avisos mensais da Royal Astronomical Society. 503 (4): 6170-6186.

[135]. Kormendy, J.; Drory, N.; Bender, R.; Cornell, ME (2010).

"Galáxias gigantes sem barriga desafiam a nossa imagem de agrupamento hierárquico". The Astrophysical Journal. 723 (1): 54-80.

[136]. Haslbauer, M; Banik, I; Kroupa, P; Wittenburg, N; Javanmardi, B (2022-02- 01).

"A alta fração de galáxias de disco fino continua a cosmologia ΛCDM". The Astrophysical Journal. 925 (2): 183.

[137]. Sachdeva, S.; Saha, K. (2016).

"Sobrevivência de galáxias de disco puro nos últimos 8 mil milhões de anos".

The Astrophysical Journal Letters. 820 (1): L4.

[138]. Mahmood, R; Ghafourian, N; Kashfi, T; Banik, I; Haslbauer, M; Cuomo, V; Famaey, B; Kroupa, P (01/11/2021).

"As barras de galáxias rápidas continuam a representar um desafio para a cosmologia padrão".

Monthly Notices of the Royal Astronomical Society. 508 (1): 926-939. [139]. Rini, Matteo (2017). "Resumo: Enfrentando a crise em pequena escala".

In: Physical Review D. 95 (12): 121302.

[140]. Cesari, Tadeu (9 de dezembro de 2022).

"O Webb da NASA atinge um novo marco na busca por galáxias distantes" . Recuperado em 9 de dezembro de 2022.

[141]. Curtis-Lake, Emma; et al. (dezembro de 2022). "Espectroscopia de galáxias pobres de 4 metros além do redshift dez". arXiv: 2212.04568.

[142]. Smith, Tristian L.; Lucca, Matteo; Poulin, Vivian; Abellan, Guillermo F.; Balkenhol, Lennart; Benabed, K.; Galli, Silvia; Murgia, Riccardo (2022). "Evidência de energia escura inicial nos dados de Planck, SPT e ACT: sistemática?". Physical Review D. 106 (4): 043526.

[143]. Boylan-Kolchin, Michael (2023).

"Teste de estresse do ΛCDM com candidatos a galáxias com alto redshift". Nature Astronomy. 7 (6): 731-735.

[144]. O'Callaghan, Jonathan (6 de dezembro de 2022).

"Astrónomos debatem-se com a descoberta de galáxias antigas pelo JWST" . Scientific American . Recuperado em 10 de dezembro de 2022.

[145]. Behroozi, Peter; Conroy, Charlie; Wechsler, Risa H.; Hearin, Andrew; Williams, Christina C.; Moster, Benjamin P.; Yung, LY Aaron; Somerville, Rachel S.; Gottlöber, Stefan; Yepes, Gustavo; Endsley, Ryan (dezembro de 2020).

"O Universo a z > 10: Previsões para a UNIVERSEMACHINE DR1". Monthly Notices of the Royal Astronomical Society. 499 (4): 5702-5718.

[146]. Volker Springel; Lars Hernquist (fevereiro de 2003).

"A história da formação de estrelas num Λ-universo de matéria escura fria". Avisos Mensais da Sociedade Astronómica Real. 339 (2): 312-334.

[147]. Persic, M.; Salucci, P. (01/09/1992).

"O conteúdo bariónico do universo". Notícias Mensais da Sociedade Astronómica Real.

[148]. Chaves-Montero, Jonás; Hernández-Monteagudo, Carlos; Angulo, Raúl E; Emberson, JD (25/03/2021).

"Medição da evolução do gás intergaláctico z = 0 efeito Sunyaev-Zel'dovich". Monthly Notices of the Royal Astronomical Society. 503 (2): 1798-1814.

[149]. Merritt, David (2017).

"Cosmologia e convenção". Studies in the History and Philosophy of Science Part B: Studies in the History and Philosophy of Modern Physics. 57: 41-52.

[150]. Colaboração Planck (2016).

"Resultados do Planck 2015. XIII Parâmetros cosmológicos". Astronomia e Astrofísica. 594 (13): A13.

Printed by Books on Demand GmbH, Norderstedt / Germany